日本经典技能系列丛书

齿轮的功用及加工

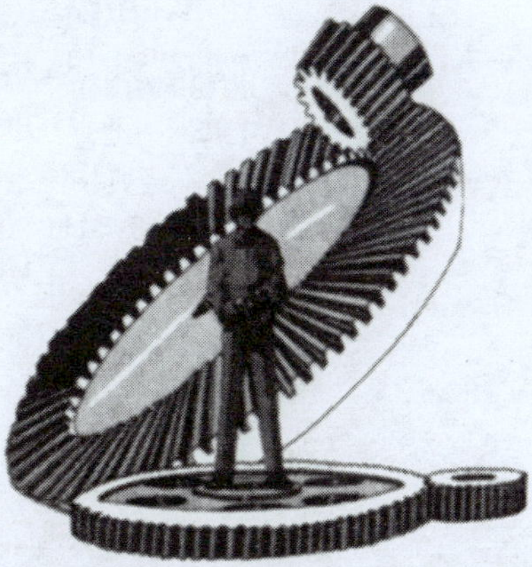

(日)技能士の友編集部　编著
陈爱平　张韵风　侯欣芸　译

机械工业出版社

对于经常接触机械的人来说，齿轮是非常重要的零件。本书主要内容包括：齿轮的理论、类型、用途、应用、制图方法等基础知识，毛坯加工、齿廓加工、测量等基本操作，齿轮损伤处理、润滑等保养知识。

本书可供磨工及机械加工工人入门培训使用。

本书版权登记号：图字：01-2007-2337 号

图书在版编目（CIP）数据

齿轮的功用及加工/（日）技能士の友編集部编著；陈爱平，张韵风，侯欣芸译. —北京：机械工业出版社，2010.3（2024.4 重印）
（日本经典技能系列丛书）
ISBN 978-7-111-30062-5

Ⅰ.①齿…　Ⅱ.①技…②陈…③张…④侯…　Ⅲ.①齿轮加工—基本知识　Ⅳ.①TG61

中国版本图书馆 CIP 数据核字（2010）第 041891 号

机械工业出版社（北京市百万庄大街 22 号　邮政编码 100037）
策划编辑：王晓洁　责任编辑：王晓洁　版式设计：霍永明
责任校对：刘怡丹　封面设计：鞠　杨　责任印制：任维东
北京中兴印刷有限公司印刷
2024 年 4 月第 1 版第 8 次印刷
182mm×206mm · 6.833 印张 · 195 千字
标准书号：ISBN 978-7-111-30062-5
定价：35.00 元

凡购本书，如有缺页、倒页、脱页，由本社发行部调换
电话服务
社服务中心：(010)88361066
销售一部：(010)68326294
销售二部：(010)88379649
读者购书热线：(010)88379203

网络服务
门户网：http://www.cmpbook.com
教材网：http://www.cmpedu.com
封面无防伪标均为盗版

出版说明

为了吸收发达国家职业技能培训在教学内容和方式上的成功经验，我们引进了日本大河出版社的这套“技能系列丛书”，共17本。

该丛书主要针对实际生产的需要和疑难问题，通过大量操作实例、正反对比形象地介绍了每个领域最重要的知识和技能。该丛书为日本机电类的长期畅销图书，也是工人入门培训的经典用书，适合初级工人自学和培训，从20世纪70年代出版以来，已经多次再版。在翻译成中文时，我们力求保持原版图书的精华和风格，图书版式基本与原版图书一致，将涉及日本技术标准的部分按照中国的标准及习惯进行了适当改造，并按照中国现行标准、术语进行了注解，以方便中国读者阅读、使用。

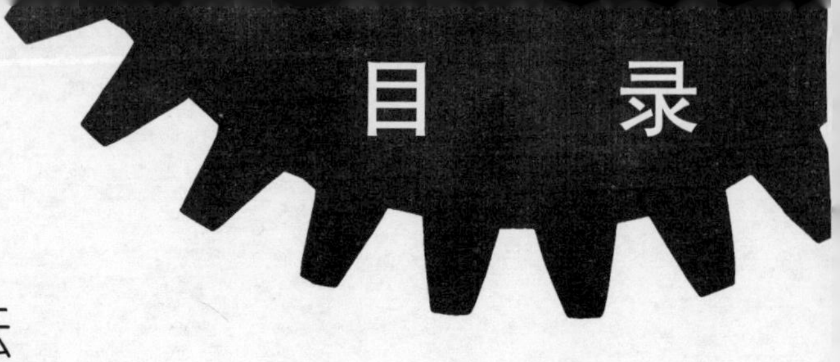

目 录

历史·术语

基础知识

齿轮画法

种类·用途

制作方法

精度·测量

一般来说，凡是与机械相关的产品，大都离不开齿轮。特别是在运转设备主轴箱及输送设备的内部，总是会有几个齿轮在工作。即便是齿轮的制造中，大部分的机械加工厂从毛坯加工的车床加工开始，到主要的齿形加工过程中，包括各种各样的加工操作内容，在这些加工过程中，都有齿轮在起着不同的作用。

本书主要讲述的是“齿轮的功用及加工”，同时为了让大家更好地理解，也对与齿轮的相关知识进行了详细地讲解……这是一本很全面的书。

历史·术语

齿轮与人类的渊源非常久远。长久以来，齿轮的历史和漫长的人类历史一起在不断地前进，并且在不断地变化着。另一方面，我们在提到齿轮时，如果各种名称也就是术语不同，就会很麻烦。因此，将同一种事物用统一的术语表示就会很方便。

齿轮的历史

人类是从什么时候开始使用齿轮的呢，准确的时间已无从考察了。

在希腊的阿里斯特·特雷斯所著的《机械的问题》一书里，保留着青铜、铁质齿轮的记载。我们认为这不是阿里斯特·特雷斯想象出来的齿轮，而是当时金属齿轮已经在被使用的证明，这是大约2300年前的事情。

希腊的阿基米德也有关于齿轮的记载。在他的文章中，提到了阿里斯特·特雷斯没有提到过的蜗杆，以及利用蜗杆传动的绞车，这个记载比阿里斯特·特雷斯大约晚了100年。

在这之后，又有两三个人用图形的形式表示出了更先进的机械。这些都是以人力为动力，获得更大力量的装置。

作为传送动力、动能机械的齿轮是在稍晚时出现的。从实物的出现来说，有罗马时代遗迹出土的铁质灯笼形齿轮、印度的棉核抽取机、瑞典古城出土的石制斜齿轮等。此外，还有其他各种各样的文献和形形色色的学说。

中世纪时，齿轮开始用于钟表，这已经与当代的齿轮非常接近了。13~14世纪，欧洲各地在制作自鸣摆钟时，也采用了齿轮。但像这样使用齿轮还只是一种特殊的现象，齿轮真正的普及是在15世纪。尽管如此，齿轮与普通家庭生活还是有很大距离。

15世纪后半叶，著名的莱昂纳多·达·芬奇在齿轮技术史上写下了色彩浓重的一笔，留下了丰硕的成果。例如各种种类的齿轮，即现今社会使用的齿轮的原型，都被达·芬奇用图例的方式集中表示出来。这里面有交错轴斜齿轮、锥齿轮、蜗杆、环面蜗杆、端面齿轮、准双曲面齿轮等。

此外，由左右摆动转变为向同一方向旋转运动的机械、利用水力旋转的轧辊机等机械图样中，都用到了齿轮。在螺旋钻机械上，也装有转动齿轮。

进入16世纪后，出现了好几本记载着各种装有齿轮机械的书籍。

要保证钟表的精确性，就必须保证齿轮的精确性。要达到这个目标就必须研究齿廓

▼天才的艺术家、科学家莱昂纳多·达·芬奇（LEONARDO DA VINCI）对齿轮的各种构想

（齿形）。因此，从 17 世纪起，人们开始了对齿形的理论研究。

进入 18 世纪后，机械工业日益发达。经过工业革命，近代真正的机械工业也成长了起来，这一切都离不开齿轮制作方法的发展。

在日本，齿轮的发展历史在各种各样的文献上都有记载，但是都不确切。较准确的事实是：它是通过基督教传教士以贸易的方式进口或送给日本的欧洲钟表上计时有关的零件……因此在日本，最早的齿轮是舶来品。当然，与此同时也出现了各种维修的工作。金属齿轮的制作出现在元禄 3 年（1690 年）出版的书籍里，书有钟表师用锉刀锉削齿轮的图样。

其他方面，日本好像也能独立制作木制齿轮，将它用于制作钟表、12 叶的水车、自动装置。根据记载伴随水车发展出现了木制齿轮的文献，故可推想日本的齿轮历史或许更早于钟表进口的时代，但是这个推想已无法证实了。

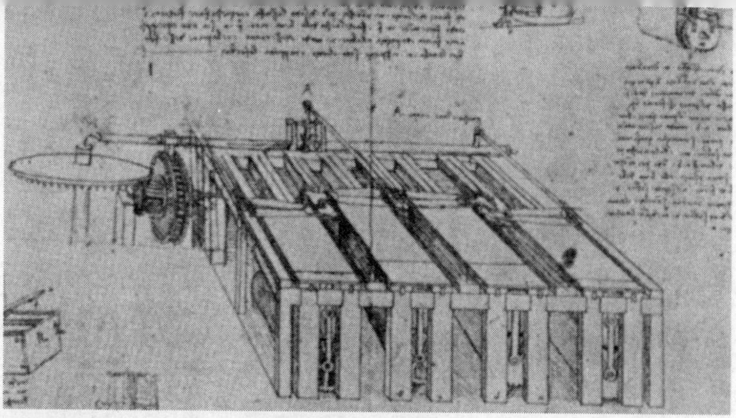

▲莱昂纳多·达·芬奇绘制的断线机的草图

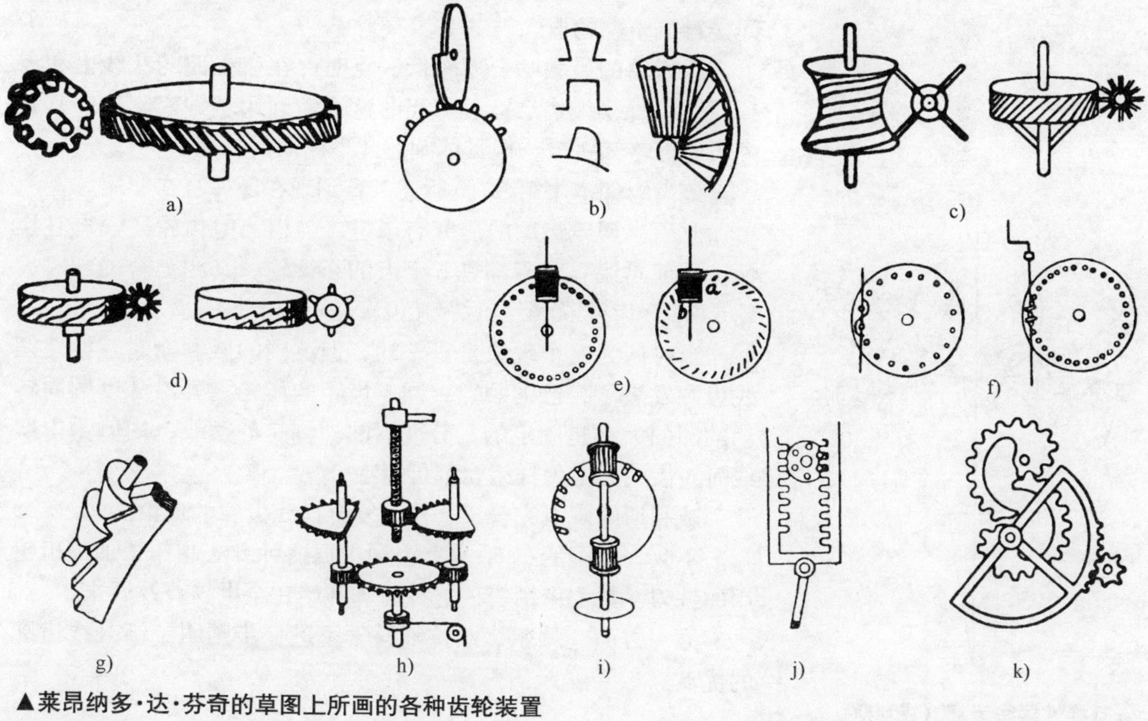

▲莱昂纳多·达·芬奇的草图上所画的各种齿轮装置

齿廓的变化

在齿轮发展的初期，人们并没有考虑过齿廓的问题。那时候的齿轮只是通过齿与齿的啮合来传递转动的一种零件。所谓齿廓、齿距等概念完全没有被考虑。

在钟表上使用的齿轮，就必需能进行精确的传动。这样，虽然还谈不上什么理论，但人们根据经验进行思考，对齿廓有了认识，并能用其进行相当精确地传动。

最早人们研究的是圆销状齿的啮合，是用普通、同一角速度转动的齿廓。由此，演变出摆线曲线的外摆线（见第 30 页）。其后 17 世纪丹麦的奥拉夫·雷玛、法国的菲利普·赖尔又发表了各种各样的见解。

相对等角速度运动（见第 24 页）的齿廓而言，摆线作为齿廓曲线是最适合的，但这个认识还只停留在理论上。

1733 年，法国的加缪发表了两个齿面啮合状态下齿与齿之间接触点轨迹的概念。

小齿轮的齿数啮合率较低一点时，在齿根面的法线上和齿顶面进行外摆线齿廓运动。当时这个齿廓用于钟表制作，其原理人们已略知一二，但具体阐述此理论的是加缪。

该齿廓如本书第 30 页所述，直到现在还一直在使用。

此后，摆线齿廓的研究有了进步，但当时齿轮还没有互换性。也就是说：对于都是 6 个齿的小齿轮，其相啮合的配对齿轮是 36 个齿或 60 个齿时，其齿廓是不同的。

当时认为这个现象是正常的，但英国的威利斯对互换性摆线齿廓发表了自己的观点：同一齿距的齿轮，其沿分度圆周转动的圆的大小是固定的，分度圆的外侧是外摆线，内侧为内摆线时，齿轮无论怎样组合都可以啮合。

威利斯的观点完善了互换性复合摆线齿廓的理论。

不久，美国的布朗·夏普公司根据这种方法制作了加工齿轮用的铣刀，并上市销售，这种齿廓开始在全世界普及开来。

另一方面，赖尔、欧拉等科学家进一步阐明了渐开线齿廓的优点。

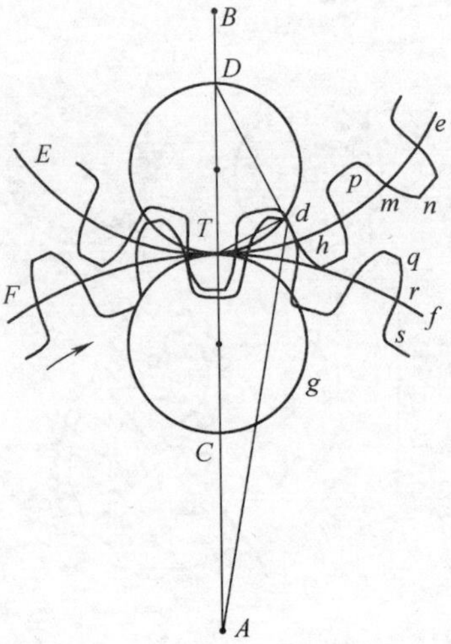

▲互换性摆线齿廓（威利斯）

尤其是威利斯发表了“即使中心距离有细微变化，传动比依然不会改变”这一有利于互换性齿轮制作的观点后，布朗·夏普公司根据这个原理发明了成形铣刀。

渐开线铣刀就如本书第 106 页所描述的那样，从 12 个齿到无限多齿的齿条用 8 把铣刀就可以加工。而摆线铣刀要做同样的工作则需要 24 把，这个差距是很大的。

威利斯还考虑并整理出了有关压力角（见第 44 页）、齿轮的径节⊖（见第 36 页）的概念。

压力角按照 sin14.5° ＝1/4 来计算非常方便，蜗杆和梯形螺纹的角度都同为 29° 等结论都是以此为理论根据。

从与径节的关系来看，为了避免分度圆直径变为无理数，作为轮齿的大小基准，齿轮的径节取得了 3、4、5、6、7 等数值。

相对于摆线齿廓，渐开线齿廓有更多的优点，随着展成式齿加工的发展（见第 108 页），进入 20 世纪后，渐开线曲线可以用直线切削刃准确加工成形。

对于日本历史上的木制齿轮，对齿廓并没有特别的研究记载，只是单纯地用于水车等与动力相关的装置上。

而用在自动装置上的木制齿轮渐渐演变成了三角形的齿。

此后，伊能忠敬发明的测距仪——测距轮内部的齿轮变化为针状和半圆状（大约是半圆）。这种形状的齿轮的耐磨性比三角形齿轮大大增强了。

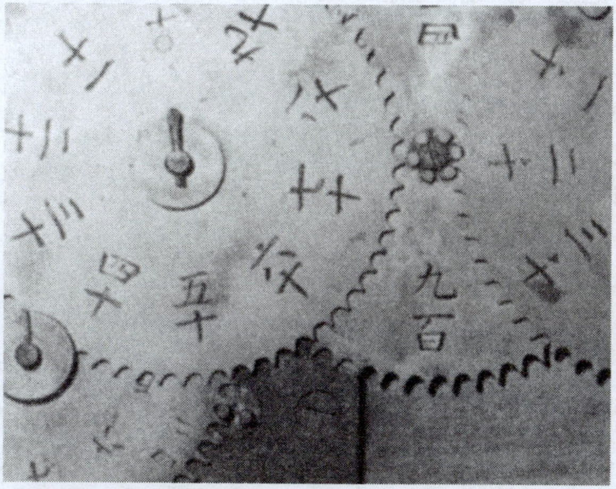

▲**齿廓是针状和半圆状**（测距轮）

⊖ 径节为 π 与齿距的比值，单位为 1/in。——译者注

齿轮制作方法的改进

制作齿轮时，最大的问题是齿的制作方法。如本书第6页所提到的那些古代的例子，当时的人们是怎样制作齿轮的，现在也难以想象。

▲嵌齿形的装配式齿轮

在钟表、自动装置等物件上使用的小型木制齿轮，应该是用一片片的木板切削制作而成的。而用于水车等物件上，与动力有关的木制齿轮因为要承受载荷，就要有强度上的要求，齿轮的齿发生磨损时，也需要进行修补。

这方面欧洲和日本一样，全都是利用可装配式单齿传动，采用可换的构造。而在12叶水车上的齿轮一个钉子都没有使用，这类工作一般是由水车工匠来完成的。

金属齿轮最初在欧洲全是用手工加工，但是随着8叶齿廓的变化，作图的难度也加大了。

最早用机械加工的齿轮是钟表用齿轮，它是18世纪初加工成形的，实物至今还保留在瑞典斯德哥尔摩博物馆。其加工方式是在齿槽形状的截面，通过锉刀上下运动，将一个一个的齿锉削加工形成的。其制作者是瑞典的博尔哈姆。

▲齿轮上镶嵌轮齿的楔子

在这之后，法国的沙克·多·巴桑松发明了旋转加工齿槽形状的工具，它是一种比锉削效果更好，类似于旋转锉刀的工具。

进入19世纪后，开始使用铣刀加工齿轮。瑞士的博德默尔、英国的维特沃思都做过这方面的记载。因为当时还没有发明铲齿铣刀，所以铣刀的使用寿命一般都不长。

有研磨修整效果的铲齿铣刀是由布朗·夏普公司制作出来的，这种铲齿铣刀直到现在仍然被人们使用着。

在布朗·夏普公司研制出万能铣床和成形铣刀后，成形齿加工的方式（见第106页）大致形成了。

不久，很多生产厂家都陆陆续续开发出了各种各样的可以称之为自动切割设备的切齿机（也就是切齿专用的铣床）。

其后，开发出了展成式切齿法（见第108页）。

刚开始是利用滚刀进行蜗轮的齿加工，这种方式是在蜗杆上加工齿廓。19 世纪中叶，产生了与现代滚齿机相同的构思，使这种滚刀与齿轮毛坯间进行一定关系的强制运动，进行齿的加工。

本世纪初，莱尼卡、弗尔达、齐默尔曼、皮尔纳齐等公司进行了各种改进，形成了现代各类形态加工方式。

19 世纪后半叶，在滚刀加工方式之后，开发出了各种利用齿条式刀具加工齿的方法。所谓齿条式刀具，最初是一种在分度圆的齿槽上有 2 个等宽切削刃的刀具，它只能切削齿条齿顶的宽度。

20 世纪初，费罗兹、波利法朗士、桑德兰等公司完善了齿条式刀具的齿加工方法。特别是桑德兰公司，该公司在 1908 年取得了现在人字齿轮齿加工方法的专利。

1911 年，马格公司开发出了变位齿轮的加工方法。

圆柱齿轮、斜齿轮的齿加工磨削方法也是在 20 世纪初成形的，当时还有关于展成式双向加工方法的记载，但真正的实物据说最早是在 1913 年由马格公司研制出来的。

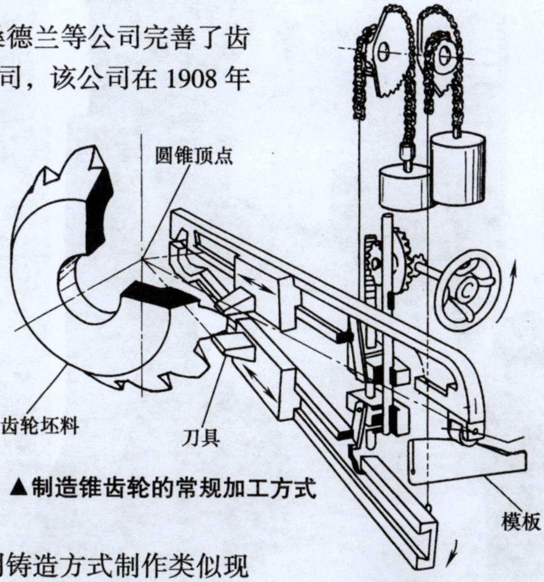

▲制造锥齿轮的常规加工方式

转动轴方向改变的齿轮加工难度很大，与此比较接近的是针轮，而锥齿轮是何时研发出来的，历史上并没有书面的记载。18 世纪后半叶，用铸造方式制作类似现代锥齿轮那样的齿轮开始普及。

19 世纪后半叶，用成形铣刀进行齿加工并不能加工出精确的齿廓，当时这种加工方法难以加工圆柱齿轮，但在较长的一段时间里，将它用在了锥齿轮的加工上。这是由格里森公司研制出来的。

锥齿轮的展成式加工方法最早发表于 1872 年。20 世纪初，由莱尼卡公司初步完善。可是，现在大部分的锥齿轮加工都沿用的是其后开发出来的格里森公司方法。

▲格里森公司生产锥形齿的刨床 1 号机

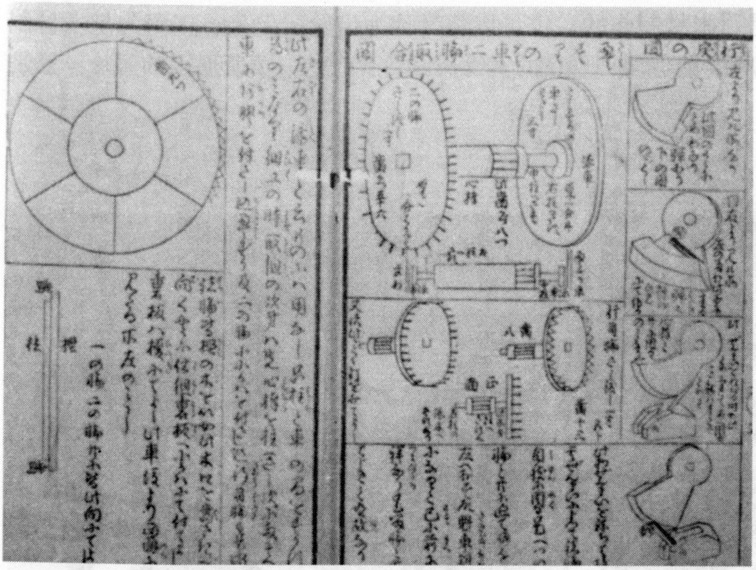

▲江户时代，有“齿”这个说法，但是没有“齿轮”这个词语

对于“齿轮”这个词语，即使没见过实物，也能根据词义而联想到实物形状的词语或文字。

一般不了解机械原理的人可能会理解为“带齿的轮子，应该是大部分机械设备上都配备的部件吧。”

“齿轮”这个词语是什么时候出现的，好像还不曾出版过专门对这方面进行研究的书。也许是在明治维新前后，当时的发达国家将机械进口到日本时，日本人看到了实物后创造出来的吧。

江户时代初期，钟表进口到日本的时候，相关人员应该见到过齿轮的实物。到了江户时代中期，机械师们制作出了木制的齿轮。本书第 12 页提到的记载有人偶设计图的书籍，如上图所示，使用了“齿”这个文字，但是还没有开始使用“齿轮”这个词语，而在不同的地方上却使用了“两轮”、“传动轮”等词替代。在这里，一方面使用“齿”这个词语，另一方面又使用“轮”这个词语，也许在这之后不久，就创造出了“齿轮”这个词语吧。

▼辞典中关于 gear 的注释项目

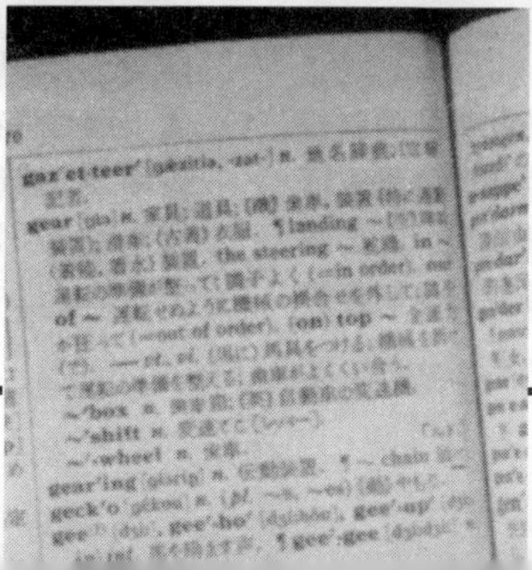

《辞海》上对“齿轮”做出了如下注释：齿轮是一种在轮子的周边加工出齿状，通过相互啮合，从一个轴向另一个轴传送动力的装置。它两轴间的间距不远，使用于确实需要传动的场合。

根据《辞海》的注释，JIS B 0102[㊀]的齿轮术语上，做出了以下描述：它是一种通过连接不断的相互啮合的齿，传递运动的机械，主要表现为成对或单个个体。

定

齿轮的形状，机械相关人员都知道并认可，也许并不需要《辞海》的注释说明。应该记住的是其中“成对”或是“单个”的说法。也就是说，齿轮的定义是：两个为一组。

人们稍微对齿轮熟悉一些以后，大部分人开始使用“gear”这个词语，这是英语中齿轮的名称。

英语中齿轮其实也有很多不同的词。一般来说，通用的是“gear”这个单词。不用说，它的使用频率是最高的。但是也有其他的，如“toothed wheel”

㊀ 对应中国标准为 GB/T 3374–1992。——译者注

的用法。

Toothed 是一个形容词，它的词义是“有齿”的意思。因此，从字面上直译，可以翻译成“齿轮”。

此后，人们根据不同的性质，灵活掌握了大齿轮和小齿轮的关系，或者主动齿轮和从动齿轮的关系。

小齿轮在英语里称为“pinion”，相对于齿条，小齿轮是一体化的。而相对于小齿轮，齿条就是大齿轮，也就是小齿轮的变形。

义

与小齿轮相对的大齿轮，称之为齿轮（gear）。也就是说，小齿轮和齿轮，以及小齿轮和齿条，都是成对的。

使用齿轮主要的目的是减速。因此，主动齿轮就是小齿轮。在成对的齿轮中，即使两个齿轮的大小差异不大，起主动作用的齿轮也称之为小齿轮（pinion），与此相对应的起被动作用的大齿轮则称齿轮（gear）。所以，如果是成对的锥齿轮，就是既有小齿轮（pinion），又有齿轮（gear）。

英语单词 gear 除了有齿轮这个词义外，还有其他几种不同的词义。比如，飞机的 landing gear 是指一种着陆装置，而与某种部件连动的装置也可以使用 gear 这个单词。同时，gear 在机械范围之外也常常被使用，在这些情况下，gear 都不是齿轮的意思。

英语单词 pinion、rack 也是如此。也可以通过查找英日辞典，来确认它们的其他词义。

在 JIS B 0102 齿轮术语这一标准中，定义了所有与齿轮相关的术语。所以本书也是依照 JIS B 0102 的定义来讲解的。

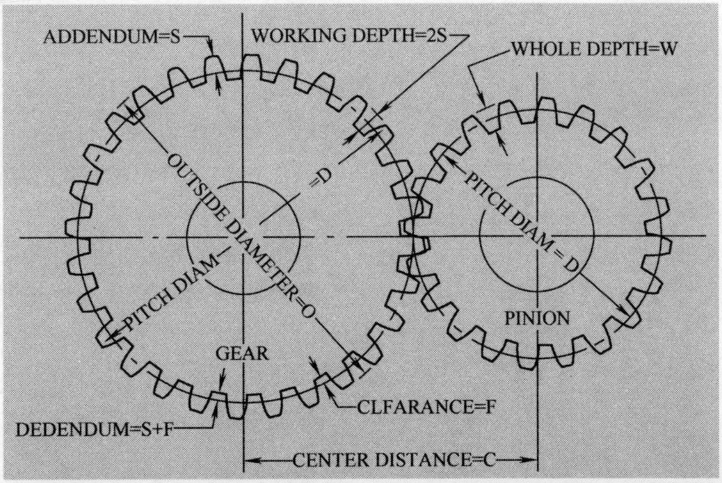

▲美国有关齿轮的书籍中的注解，其中 PINION 和 GEAR 用于不同场合

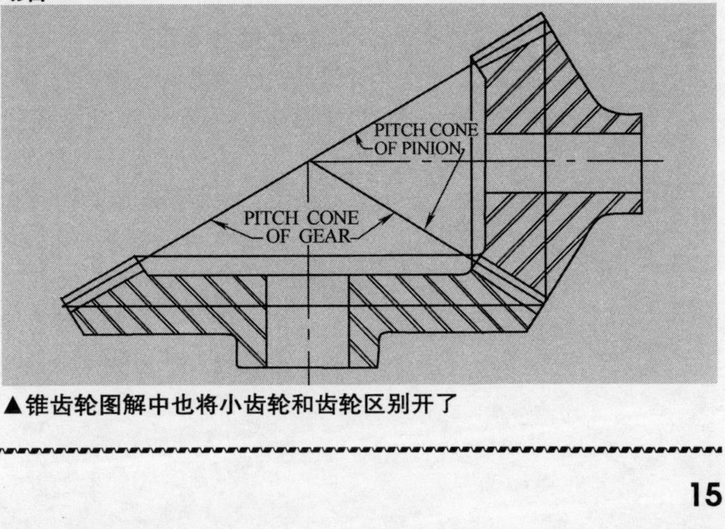

▲锥齿轮图解中也将小齿轮和齿轮区别开了

术语 ①

基圆：制作渐开线齿的基础的圆。

齿顶圆：包含圆柱齿轮齿顶的圆。

齿根圆：包含圆柱齿轮齿根的圆。

标准分度圆：沿标准齿距齿轮数等倍长度的圆周而形成的圆。

节圆：它是一对的齿轮啮合时，相互接触、相对滚动运动的各齿轮的分度圆。它与本书第 17 页照片上所示的标准分度圆相同，但是如果齿轮的啮合深度不一致时，标准分度圆就会出现偏差。

根据各种齿数比，将中心距离按比例划分（这是应用于外齿轮时，内齿轮与外齿轮啮合时按齿数差与外齿轮齿数比例划分）的数值，分别作为各自的半径。

节点：一对齿轮啮合的节圆的接触点。

接触点：一对齿接触的点。

接触点的轨迹：一对齿进行啮合时的接触点的轨迹。

啮合线：一对渐开线齿轮的接触点的轨迹。与本书第 17 页照片上所示的接触点的轨迹一致。换而言之，就是通过节点，与双方基圆相切的直线。

啮合长度：渐开线齿轮上，接触点的轨迹里实际进行啮合部分的长度。

接近啮合长度：渐开线齿轮上，从齿与配对齿开始啮合，到节点的作用线上的长度。

远离啮合长度：在啮合长度里，从节点到啮合完成的部分。也就是说，它是从啮合长度延伸到渐近啮合长度后的剩余部分。

顶隙：从齿轮的齿顶圆到与之啮合的齿轮的齿根圆之间的距离。

侧隙：一对齿轮啮合时，齿面间的间隙。

啮合角：一对啮合的齿轮的节圆上的压力角（见第 44 页）就是啮合角。

工作齿高：啮合的一对齿轮的与啮合的齿高方向的长度。它与两个齿轮的齿根高的重合是同一道理。如啮合的深度发生变化，工作齿高也将发生变化。

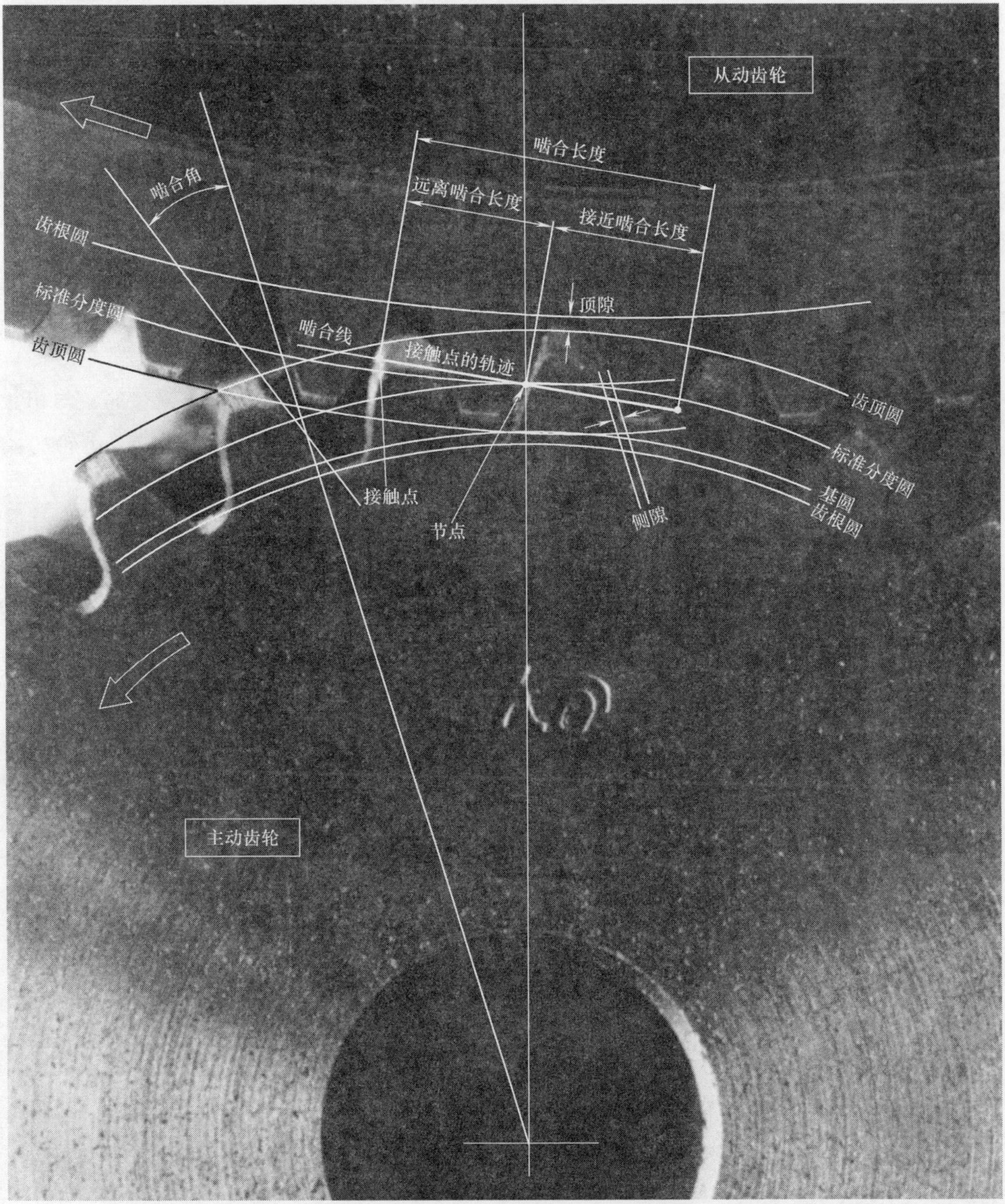
从动齿轮
啮合长度
啮合角
远离啮合长度
接近啮合长度
齿根圆
顶隙
标准分度圆
啮合线
接触点的轨迹
齿顶圆
齿顶圆
标准分度圆
基圆
齿根圆
接触点
节点
侧隙
主动齿轮

术语②

齿面：齿轮啮合的相关面。

齿廓：齿面的剖面。这些剖面包括：端平面、法平面、轴平面等。

齿槽：齿轮的槽的部分。

齿根曲线：齿廓的曲线上，与齿根相连接的凹形部分的曲线。

齿线（齿向线）：齿面与分度曲面的相交线。

齿顶曲面：齿顶上齿宽方向的面。主要是指外圆周面。

齿根曲面：沿齿根曲线延续到齿的底部的面。

齿距：在分度圆（齿条上称为分度线）上测量的，与相邻的齿对应的部分间的距离。它与模数（见第 34 页）、齿轮的径节（见第 36 页）共同来表示齿的大小。

法向齿距：渐开线齿轮上，沿特定剖面的齿廓间的共同垂线测量的齿距。特定剖面，一般是指端面或法平面。它等同于基圆的圆周长除以齿轮数的数值。

齿顶高：从齿轮的分度圆到齿顶圆的距离。

齿根高：从齿轮的分度圆到齿根圆的距离。

齿高：齿的整体齿高方向的长度，即齿的高度。它等同于这个齿的齿顶高和齿根高之和。

齿顶面：齿顶的齿面，即齿面里齿顶的部分。

齿根面：齿根的齿面，即齿面里齿根的部分。

齿槽宽：一个齿槽切下的分度圆或是分度螺旋线的长度。

齿宽：齿的轴剖面内的长度。

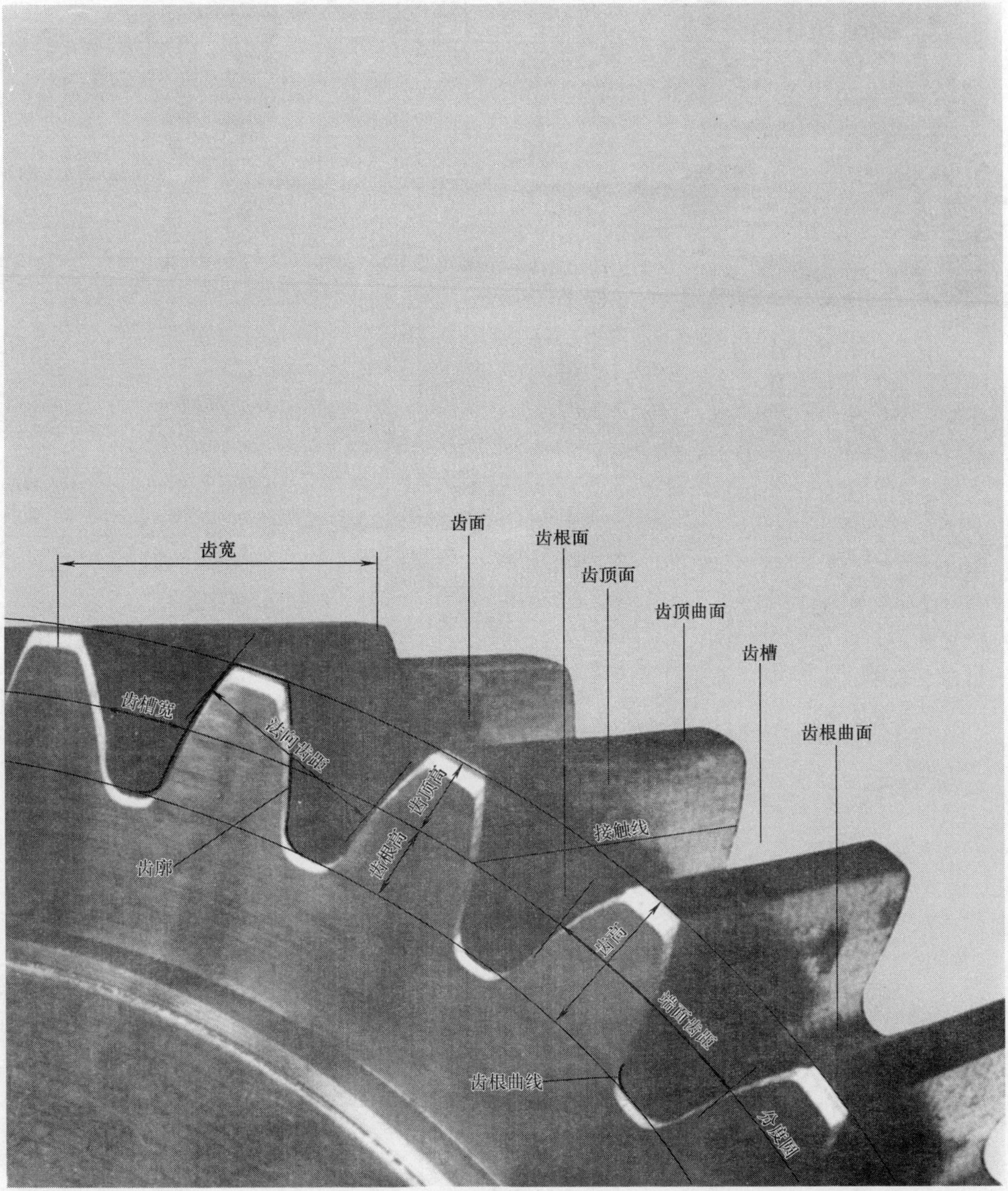
齿面
齿根面
齿宽
齿顶面
齿顶曲面
齿槽
齿根曲面
齿槽宽
法向齿距
齿顶高
齿根高
齿廓
接触线
齿高
端面齿距
齿根曲线
分度圆

齿轮代号

齿轮相关的理论极多，所以它也有各种各样相关的特征。如果要一个一个注明，那是很麻烦的。由于齿轮的式样太多，人们大多用代号来表示与之相关的特征，这样也就方便了很多。

代号文用拉丁字母、希腊文的一种拉丁字母表示。如右下表中，各种项目都用拉丁字母或数字表示。

1. 直线上的尺寸及圆周上的尺寸

术　语	代　号①
中心距	$a(a)$
齿距	$p(t)$
圆齿距	$p(t_0$ 或 $t)$
端面齿距	$p_t(t_s)$
法向齿距	$p_n(t_n)$
轴向齿距	$p_x(t_a)$
法线齿距	(t_e)
端面法线齿距	(t_{es})
法向法线齿距	(t_{en})
齿高	$h(h)$
齿顶高	$h_a(h_k)$
齿根高	$h_f(h_f)$
弦齿高	$\bar{h}(h_j)$
工作齿高	$h_w(h_e)$
顶隙	$c(c)$
齿厚(任意半径上的)	$s(s)$
分度圆齿厚(分度圆柱上的)	$s(s_0)$
基圆齿厚	$s_b(s_g)$
弦齿厚	$\bar{s}(s_j)$
槽宽	$e(w)$
侧隙	$j(f)$
齿宽	$b(b)$
工作齿宽	$b_w(b_e)$
齿宽	$b(b_t)$
导程	$p_z(L)$
蜗杆的直径系数	$q(q)$
直径	$d(d)$
分度圆直径	$d(d_0$ 或 $d)$
节圆直径	$d_w(d_b)$
齿顶圆直径	$d_a(d_k)$
基圆直径	$d_b(d_g)$
齿根圆直径	$d_f(d_r)$
半径	$r(r)$
分度圆半径	$r(r_0$ 或 $r)$
节圆半径	$r_w(r_b)$
齿顶圆半径	$r_a(r_k)$
基圆半径	$r_b(r_g)$
齿根圆半径	$r_f(r_r)$
曲率半径	$\rho(\rho)$
锥距	$R(R)$

2. 角度尺寸

术　语	代　号①
压力角	$\alpha(\alpha)$
标准压力角	$\alpha(\alpha_0$ 或 $\alpha)$
啮合压力角	$\alpha_w(\alpha_b)$
刀具压力角	$\alpha_0(\alpha_c)$
端面压力角	$\alpha_t(\alpha_s)$
法向压力角	$\alpha_n(\alpha_n)$
轴向压力角	$\alpha_x(\alpha_a)$
螺旋角	$\beta(\beta)$
导程角	$\gamma(\gamma)$
轴交角	$\Sigma(\Sigma)$
锥角	$\delta(\delta)$
分圆锥	$\delta(\delta_0$ 或 $\delta)$
顶锥角	$\delta_a(\delta_k)$
根锥角	$\delta_f(\delta_r)$
齿顶角	$\theta_a(\theta_k)$
齿根角	$\theta_f(\theta_f)$

3. 数及比率

术　语	代　号①
齿数	$z(z)$
当量齿数	$z_v(z_v)$
头数	(z_w)
齿数比	$u(i)$
传动比	$i(u)$
模数	$m(m)$
齿轮的径节	$P(P)$
啮合率	$\varepsilon(\varepsilon)$
滑动率	(σ)
角速度	$\omega(\omega)$
线速度	$v(v)$
变位系数	$x(x)$

① 括号中为对应的日本齿轮代号。——译者注

基础知识

齿轮并不仅仅是像我们表面看到的那样，只是单纯地传动。要使齿轮能够精确、顺畅地传动，还要了解一些必要的基础知识。只要是能正常传动的齿轮，必定满足这个基本的原理。虽说理论是有点难理解，但是符合基本的原理也是齿轮的特征之一。

从摩擦轮到齿轮

从另一个角度研究齿轮的历史。

从前有过一种传递旋转运动的名为“摩擦轮”的机械装置，它是一种通过两块圆板的外缘承受外力，利用滚动摩擦，使主动轴带动从动轴转动的一种装置。在这种情况下，假设两块圆板间完全没有滑动，那么两轴的传动比与圆板外缘的长度成反比。

但实际上，“完全没有滑动”的情况是极难出现的。何况，如果从动轴承受的摩擦轮阻力大于摩擦阻力最大值，即摩擦轮滑动，不传递旋转运动。

▲有关摩擦轮记载里的台式驱动变速机械，右侧是主动轴

▲曾经修建在横川—轻井泽之间的爱伯特式铁轨，铁轨中央有齿轨

因此，要在摩擦轮圆板外缘上制作出凹凸不平的痕迹，并使这种凹凸不平的痕迹相互啮合，就不会打滑，从而进行传动。这种带有凹凸不平痕迹的摩擦轮也就成了齿轮。

在日本国铁信越线唯水岐陡峭的坡道上，曾经采用过爱伯特式铁道的上坡方式。在驶上这种陡峭的坡道时，如果只是使普通的轨道和车轮间进行滚动摩擦，车轮就会打滑空转，从而无法上坡。因此，在铁路轨道中央设置一条齿轨，使之与机车的齿轮啮合，也就能顺利上坡了。此时的齿轮分度圆和传动轮的线速度相同，减速比为一。直到现在，瑞士仍然在使用这种方式。

摩擦轮的传动比是与圆板外缘（直径或半径）的长度成反比。同理，齿轮的传动比是与齿轮的齿数成反比。

滚动与滑动

▲一个齿轮开始滚动，同时带动另一个齿轮滚动

再谈谈前面提到过的摩擦轮吧。当外力接触到两块圆板的外缘，而没有打滑的状态，称之为“滚动接触”或是“滚动运动”。

因此，当接触两块圆板的外力稍小了一些，或者从动轴的阻力变大时，从动轴将会空转，也就是说将会发生打滑。这种状态称为“滑动接触”或“滑动运动”。

对普通的动力传送机器，并不是没有滑动就好。但不管怎样，滑动部分的动力在运转过程中是在做无用功的，所以有滑动是一个缺点。也可以说运转过程中发生磨损，就是因为滑动过大的原因。如果完全滚动，也就不会发生磨损。

最能说明滑动和滚动关系的是轴承。滚动轴承一般称为轴承，用手转动它的外圈或内圈时，它能极轻快地转动。而且众所周知，它们大部分能长时间持续转动。

齿轮上的两块圆板不相互挤压，只有齿与齿相互啮合运转，是不会出现滑动的。因此，相当于圆板的两个齿轮之间是没有滑动的。然而，并不仅仅只是这样。齿轮的各齿之间，也在相对滚动运动。所谓各齿的滚动运动，不止是一个齿的单一转动。关于齿廓的概念，在本书第26页有详细说明。

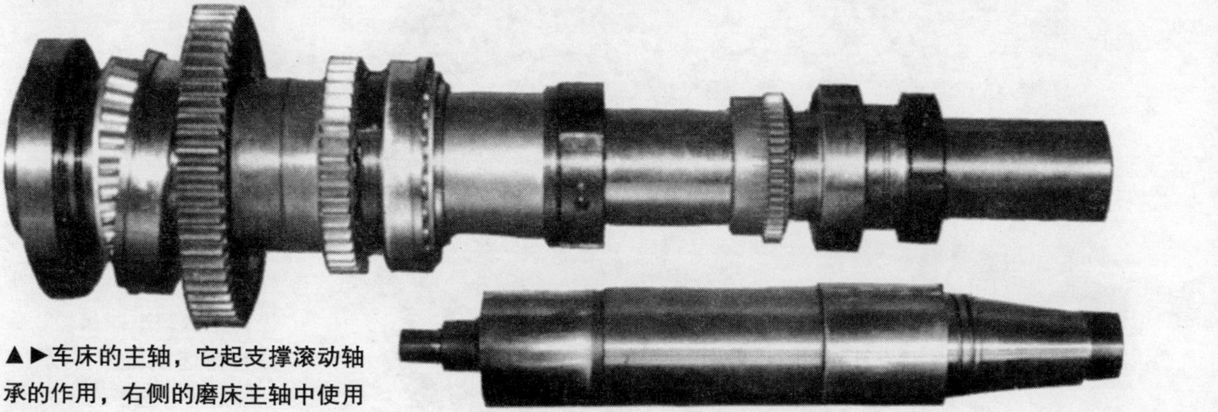

▲▶车床的主轴，它起支撑滚动轴承的作用，右侧的磨床主轴中使用滑动轴承

角速度

已知摩擦轮两轴的传动比与外缘的长度成反比。一般表示旋转速度，是用1min内旋转多少周来表示，即表示为：转/分或r/min。

但是，当用于表示小于一转的短时间内的问题时，这种表示方法就不太方便了。这时，就用“角速度”来代替转数。所谓“角速度”，就是指在某个单位时间内旋转的角度。

不过，因为两轴是同时旋转的，此时使用时间单位，不会出现什么问题。按通常的说法，原动轴旋转一周时，从动轴旋转几分之几周＝几度。

但是，角速度只是一般的角度单位。即，它不使用一周等于360°，1°等于60′这种单位。角速度的角度，通常用“弧度”来表示。

所谓弧度，是将圆周除以半径长度，再以相对一等份的弧的中心角为一个单位，这个单位称为弧度（rad）。

圆周的长度等于直径×圆周率，即

$$2\pi r = 2 \times \text{圆周率} \times \text{半径}$$

所以，圆周除以半径 r，就变为

$$2\pi r \div r = 2\pi$$

这样在某个单位时间里旋转一周时的角速度就是

$$\omega = 2\pi\,(\text{rad})$$

而 $\pi = 3.1416$ 或 7.2832 弧度。ω 是希腊文字，读音为“欧米嘎”，是表示角速度时使用的代号。其他的代号也有，比如圆周率为 π、半径为 r、直径为 D 等。

也有人会问，为什么要创造出这么复杂的角速度、弧度等概念呢。

左侧是千分尺中取出的齿轮，这么细小的齿轮，保证其角速度比（传动比）精确是非常重要的

来看看千分尺的结构吧。它是将测量杆的上下运动，通过齿条和小齿轮转换成旋转运动，然后在齿轮上扩大 10 倍，再通过指针显示出来的一种量具。这个齿条、小齿轮的齿距是 0.625mm。小齿轮旋转一周是 10mm，也就是 16 齿。

根据这个结构，测量杆夹住 0.03mm 厚的物件时，齿条和小齿轮约啮合 0.05 齿。即小齿轮旋转约 1/320 周时，将此数据扩大 10 倍，指针必定旋转到 3/100 处（分度值为 3）。因为数值会扩大 10 倍，故齿面稍稍有点滑动，则会有很大的影响。而且，一旦这个角速度比不那么均匀，最初的 0.01mm 的指针位置与最终的 0.01mm 的指针位置之间的标尺间距就将变得不一致。

从另一个角度来看，小齿轮只旋转一个齿的距离，不论分成几等份，这里面必定还是会有一定的偏差。

正因为引入了角速度的概念，才对齿廓的概念、求解方式进行了理论化的研究。虽说一般只是传递旋转运动，但极端地讲，只要是旋转就是好的。间歇运动的间歇距离越小越好。否则，就会产生振动、噪声，无法传递更大的力。所以，角速度是非常重要的。

可是，滚动接触的两个摩擦轮之间的角速度比（传动比），与两轴的轴心距离以两个摩擦轮的接触点分割而成的距离有关，也就是与它的半径大小成反比。这一点，与在本书第 22 页介绍的摩擦轮的传动比是相同的，这个半径比用在齿轮上，则称为齿数比。

下图中，大齿轮的直径是小齿轮的 2 倍。根据半径比分割两轴间的距离，比例为 1:2。即小齿轮旋转 60°时，大齿轮按 1:2 的反比例，则旋转 30°。这个角速度比的关系，不论在多小的范围里，都永远是相同的。

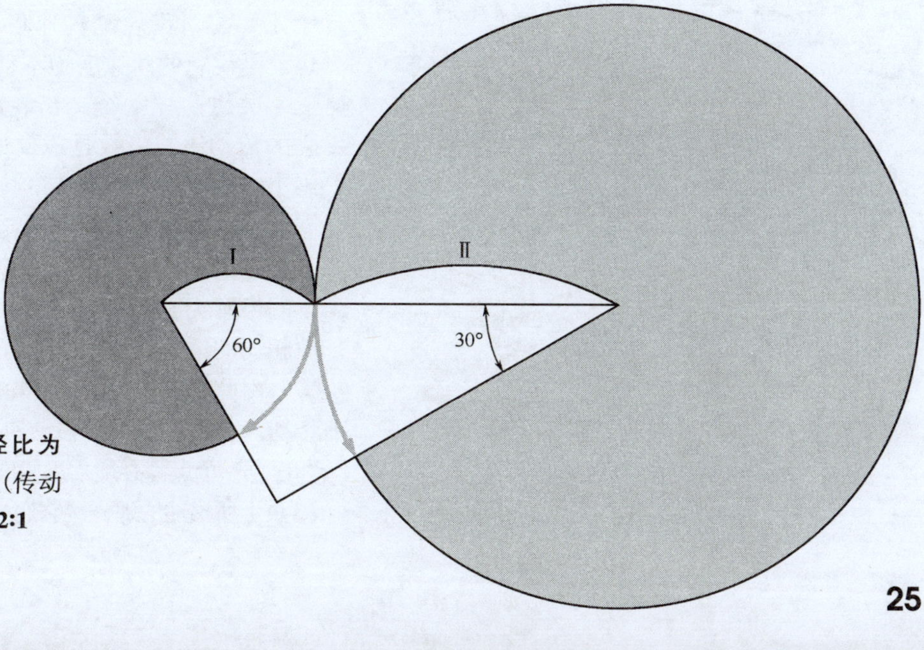

两轴间距离的半径比为 1:2 时，角速度比（传动比）**则是反比，为 2:1**

齿廓的概念

只要提到机械、工业、产业，就必定会想到齿轮的图形。事实上，在与机械工业相关的事业、庆祝纪念集会等场合使用的广告画、宣传小册子上，都会出现齿轮这个词。

但是，由于这些广告宣传画的设计人员，大多数是不了解机械的外行，在这些资料上出现的齿轮，好多都错误百出。比如加工机械公司在本市的宣传小册子封面上印制的齿轮，其错误之处在哪儿，知道吗？他们甚至认为只要在圆状物体的边缘上刻上凹凸不平、锯齿状的纹路，就是普通的齿轮了。

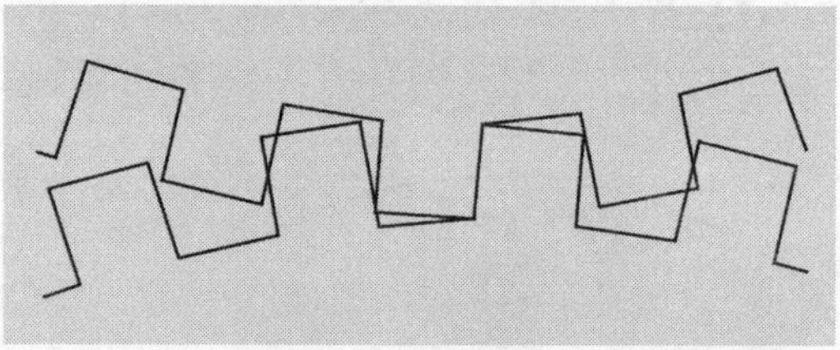

图 1　矩形齿廓

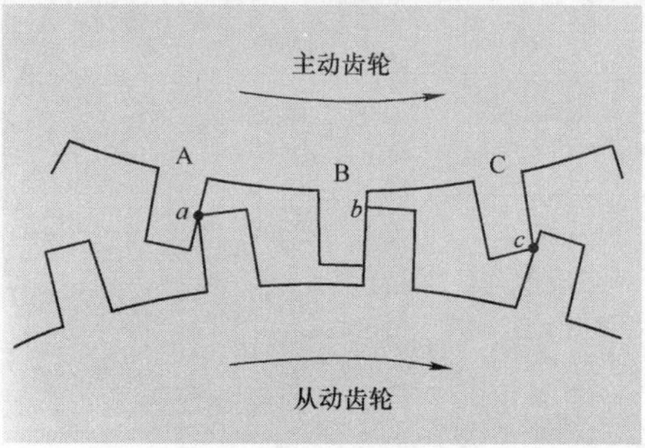

图 2　齿厚变薄

这种带矩形齿的齿轮是怎样传递旋转运动的呢？

矩形齿的齿厚和齿槽若是同一尺寸，就会像**图 1** 那样无法啮合。因此，要使之啮合，就要像**图 2** 那样，把齿厚做得小一点。

A 齿在 a 点接触，B 齿是整个面接触，C 齿在 c 点接触，这样使配对齿轮的齿旋转，从而开始运动。因为 a 点和 c 点是同一个齿轮，所以角速度相同。但因为它们距中心的距离不同，因此它们的圆周速度不一样。c 点速度要快一些，而 a 点的速度则要慢一些。这种情况下，配对齿轮无论用哪个速度表示都可以。

如果把 A~C 齿的范围看成是某一个齿的移动状态，那么把它仅当做一个运动的齿来考虑，配对齿轮的转速将不断地发生变化，也就是说它的角速度绝不是不变的。

试想这样啮合的齿轮若旋转一周以上，它的传动比与齿数是成反比的，但是在其各细小组成部分之间，齿的接触点有时会滑动，有时快，有时慢，所以在运转过程中，也就会产生振动、噪声了。

齿廓为梯形或三角形时，也会出现与上面相同的情况。

由此看来，为了使齿轮的齿相互啮合进行传动，它的接触点的移动速度，在任何一个齿和任意一个点都必须永远相同。也就是同本书第 23 页上所描述的那样，它们必须是滚动接触。

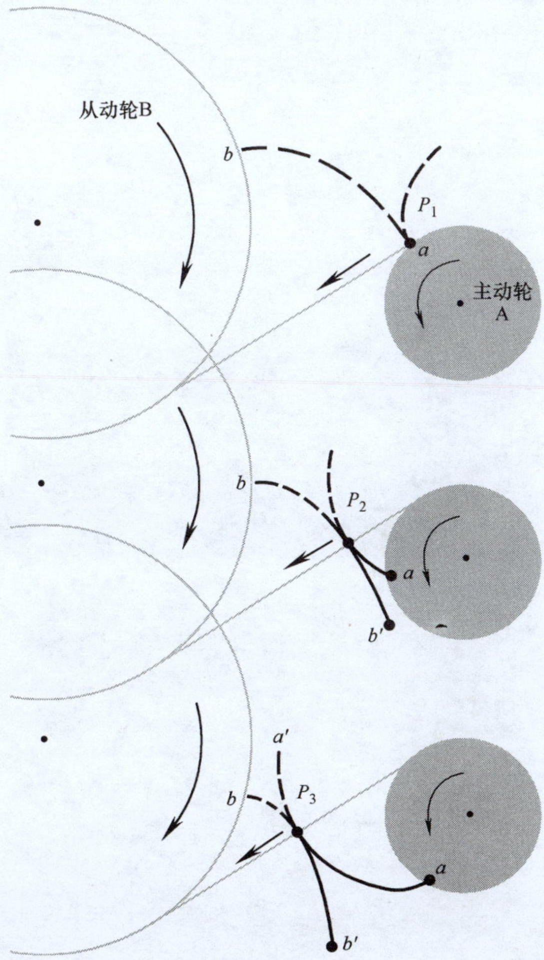

图 3　渐开线曲线

要满足这样的条件，只是单纯地在圆板外缘上刻上锯齿状纹路是不行的。要考虑使齿轮啮合的情况，即使齿轮的齿的大小（模数）一致，像这种矩形、梯形、三角形类的只能沿直线运动的齿廓也是达不到啮合的目的，必须是某种表示特殊形状的曲线才能做到这一点。

▲加工机械公司在本市的宣传小册子上的奇怪的齿廓

再讨论一下本书第 22 页所讲的摩擦轮吧。那种摩擦轮的轴间距离一旦变大，摩擦轮之间就不再互相接触，也就起不到摩擦轮的作用。如果此时在两个轮的外缘挂上传动带，即能够传递运动。但是，挂上传动带后，它们是向同一个方向转动，这与摩擦轮的情况是一样的。

如**图 3** 所示，由于主动齿轮 A 的转动，两方悬挂传动带的 1 点 P_1，随着传动带的移动，转动到了 P_2、P_3 点上。此时，用铅笔沿主动齿轮 A 的外圆周 1 点 a，在与 A 一起转动的板上描出曲线。这样，过 a 点能描绘出向 P_2、P_3 运动的过 a' 点的线。

另外，装一个与从动齿轮同时运动的板，将与 P_1、a 类似的一点设为 b 点，这个 b 点向 P_2、P_3 运动，达到 b'。

只看描绘出的 aa' 与 bb' 相交的两条曲线，aa' 渐渐接近 bb'。而且，这个接触点从 P_1 逐渐向 P_2、P_3 移动。这个移动线与传动带延伸的线是一致的。

这个曲线，是两个曲线接触点滚动延伸出的齿廓曲线，称这个曲线为“渐开线曲线”。

除此以外，还有一种称之为“摆线曲线”的曲线也使用于齿廓上。

渐开线曲线

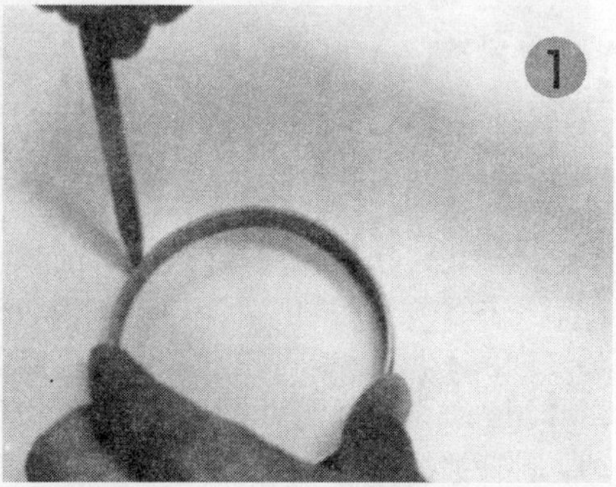

在圆柱的外圆面上缠上细线

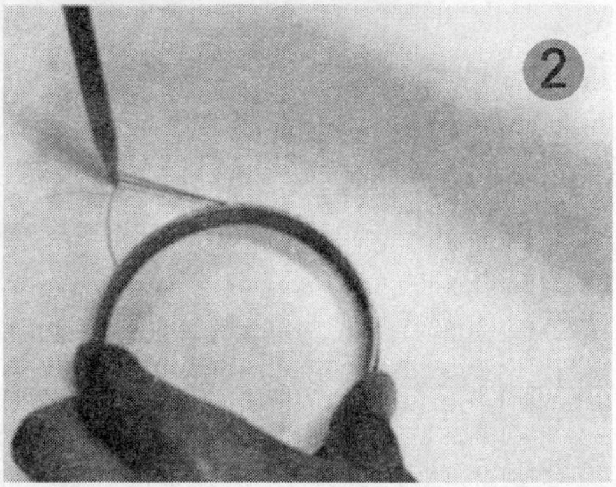

将细线拉伸成楔形

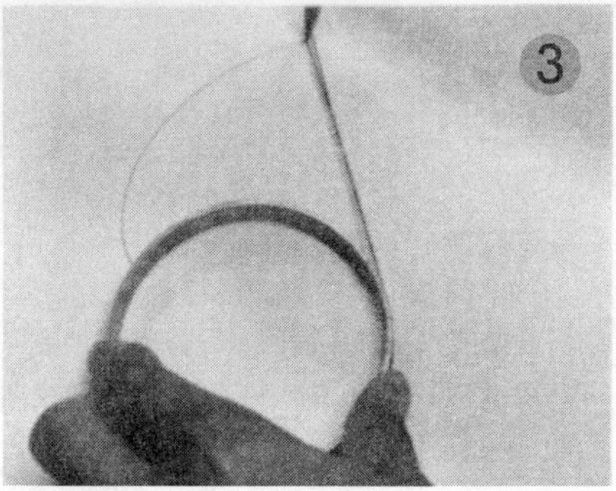

再继续拉伸

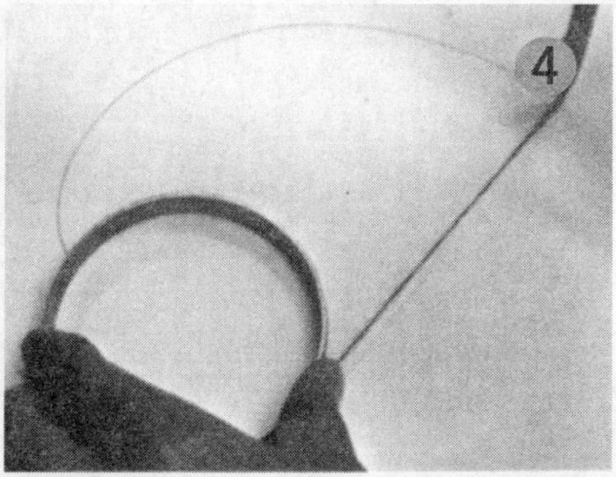

在线的一端绑上铅笔描出曲线

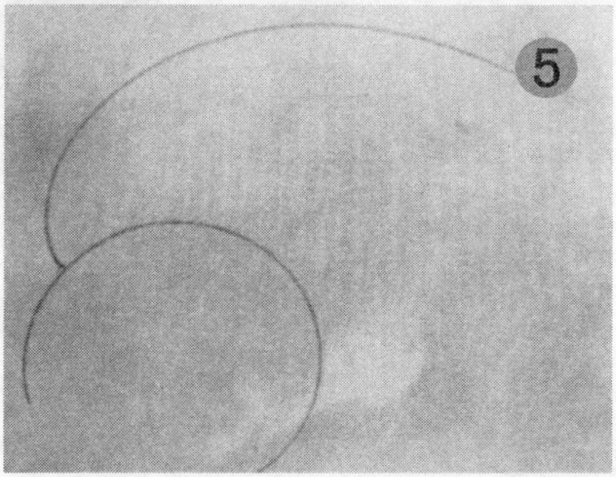

这是渐开线曲线

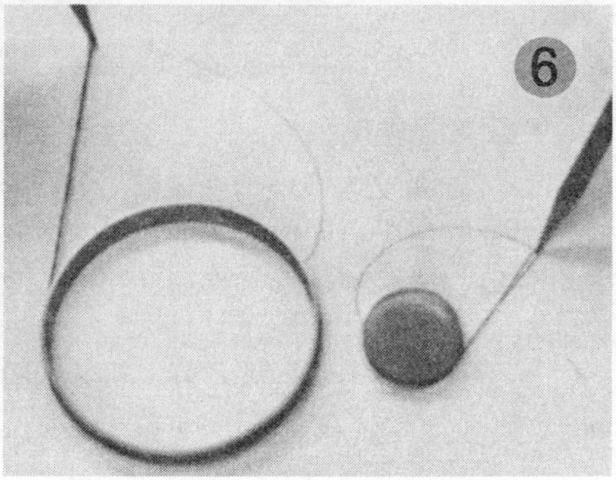

曲线随基圆的大小不同而变化

现在使用的大部分齿轮，都是使用渐开线曲线的齿廓，即渐开线齿轮。

那么，渐开线曲线是怎样的曲线呢？请看照片，在圆柱外圆面绕上细线，在这根线的顶端绑上铅笔，用铅笔拉伸成紧绷的楔形并保持，当这个楔形渐渐拉大时，铅笔描绘出的曲线就是“渐开线曲线”。

将绕上细线的圆柱的圆称为“基圆”。这个基圆的大小发生变化，渐开线曲线也随之发生变化。

渐开线齿廓是根据靠近这个渐开线曲线基圆部分的曲线而制成的齿廓。将某个基圆按齿数等分，从等分处向两侧描出渐开线曲线，渐开线齿廓使用的就是其中一部分。

要描绘渐开线曲线，还要做一些必需的繁琐的准备工作。没有细线也没有关系，只要将直尺抵住圆柱外圆面，该直尺沿圆柱转动时，直尺尖端描画出的曲线就是渐开线曲线。这与绕线的原理是相同的，只是用绕线的方式更简单些。

不管怎样，不在基圆上固定一点，是无法描画的。为什么要在齿轮上使用这种不好描画的曲线呢？

因为这种曲线有以下几个优点：一个是使用上的优点，其中心距稍微有点变动时，对角速度比是没有影响的，因此，即使制作上、装配上有误差，也不会有太大的影响；第二个优点就是，它可以利用这种性质，改良变位（见第 38 页）；第三个优点是，切齿工具齿条式刀具的齿廓是固定的直线，这在减少昂贵的刀具的制作费、精度保持等方面，都非常有利的。

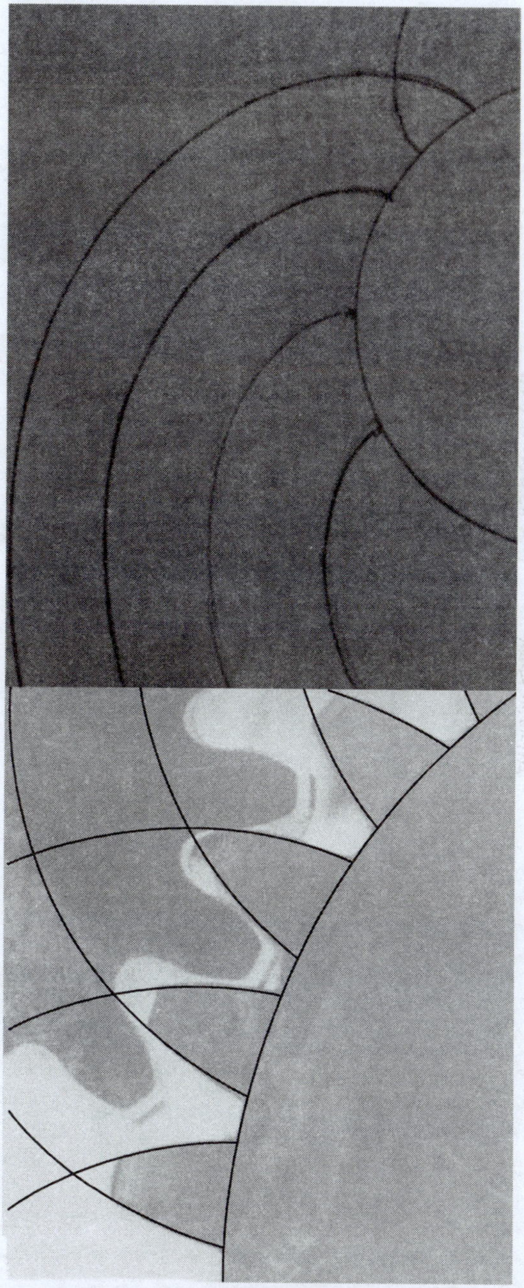

▲按齿数等分，向两侧画出曲线……

摆线曲线

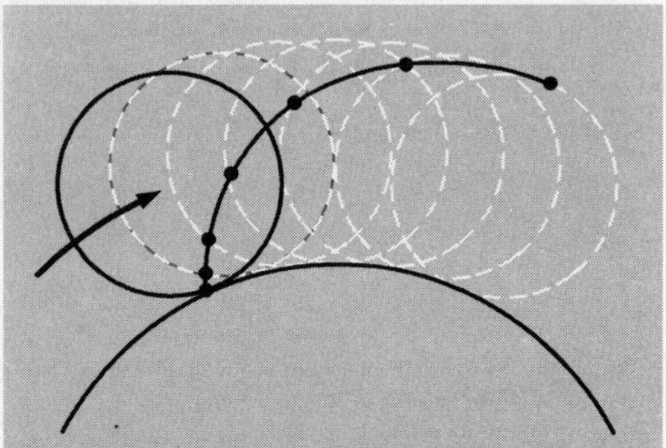

在一个圆的周围，有另外一个圆在滚动时，将这个滚动圆周上 1 点的运动描绘而成的曲线就是摆线曲线。本图是外摆线。

一般来说，凡是介绍齿轮的书籍，除了介绍渐开线曲线以外，都必定会提到“摆线曲线”的齿廓。

所谓摆线曲线，就是在一个圆的周围，有另外一个圆在滚动时，将这个滚动圆周上 1 点的运动描绘而成的曲线。根据滚动的情况，圆周的外侧滚动的称为“外摆线”，内侧滚动的称为“内摆线”。

而摆线齿廓，则是以这两侧摆线曲线相连接的曲线的形状为依据，制作的齿廓。

但在现实中，除了钟表以外，很少有用到摆线曲线的地方。因为如果这种曲线的中心距有变化，就无法很好地啮合，而且切齿

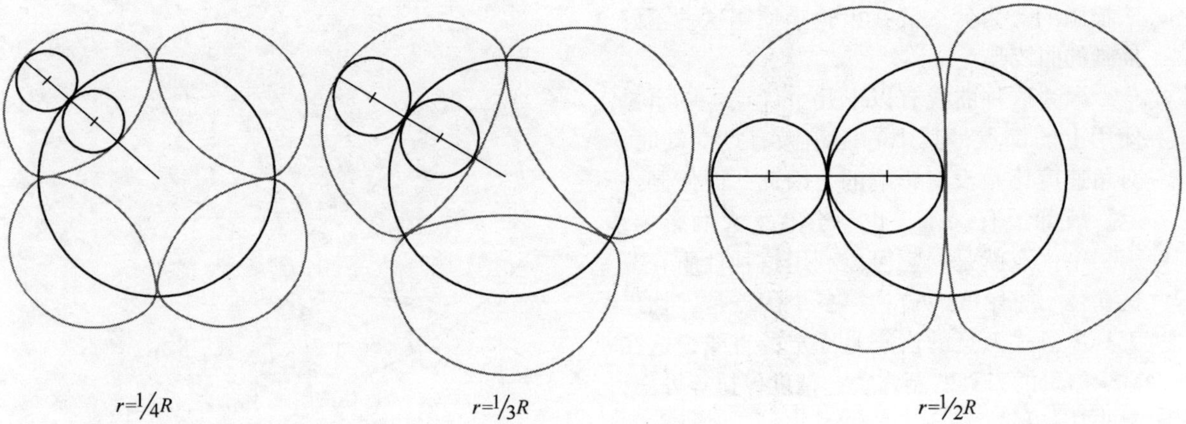

▲滚动圆的半径 r 为大圆半径 R 的 1/4、1/3、1/2 时的内、外摆线曲线

加工也有难度。基于上述理由，摆线曲线并没有被广泛使用。而之所以将其使用在钟表类上，也是因为它能顺畅地传递较小的力。左图所示的就是滚动的曲线。

使用在钟表上的摆线齿廓，由以下几个条件确定。首先，确定轴间距离和传动比，再确定大小齿轮的分度圆。它与第 22 页中所提到的摩擦轮相同。轴间距离与传动比成反比为佳。沿大齿轮的分度圆，滚动小齿轮分度圆的外摆线曲线，与大齿轮分度圆 1/2 直径的内接圆的内摆线曲线，即通过圆中心的直线相连接。实际上因为齿槽深、齿顶间隙大，摆线齿廓看起来比渐开线齿廓细长。

请看上一页所画的图形，作为参考。当滚动圆的半径 r 为大圆半径 R 的 1/4、1/3、1/2 时，可以看到两条内、外摆线曲线。

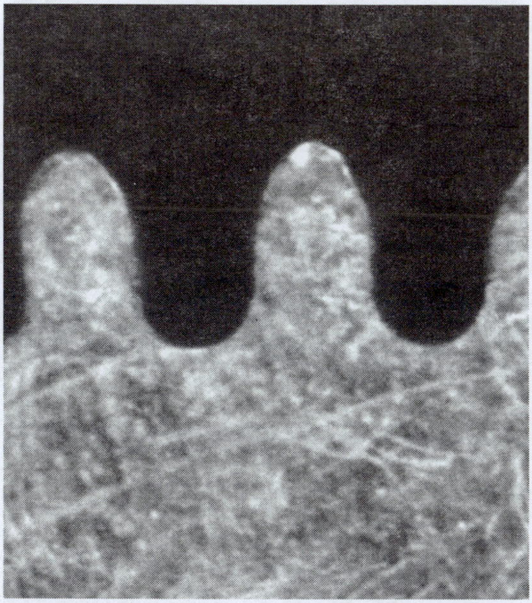

▲模数 0.75mm、齿数为 84 的摆线齿轮

圆弧·其他

所谓圆弧齿廓，正如文字所描述的那样，是齿廓形状圆弧状的。根据圆弧制造的齿形也是有各式各样的。下面照片是一种厂家生产的圆弧齿廓。它在法平面上，齿顶为凸圆弧，齿根为凹圆弧，两侧逐渐靠近节点，连接成渐开线曲线。

这种齿廓，倾斜的轮齿一旦啮合，圆弧就整体同时接触，随着转动向齿隙侧移动。

该齿廓的优点是耐磨、抗压能力强，是一种抗压能力相当强的齿轮。一般称之为诺维柯夫齿轮。除了这种齿廓外，还有一种将在本书第 95 页介绍的正弦曲线齿廓。

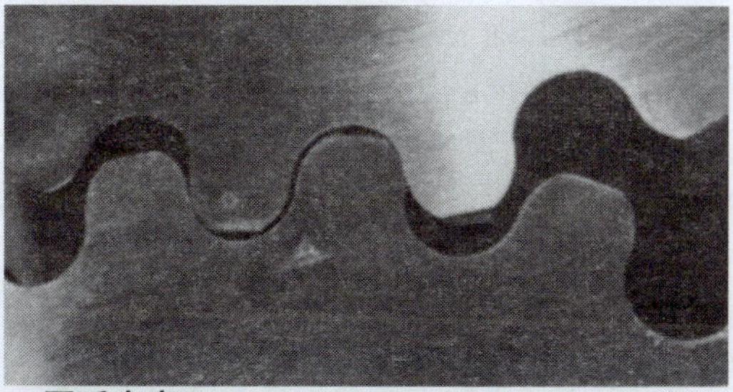

▲圆弧齿廓

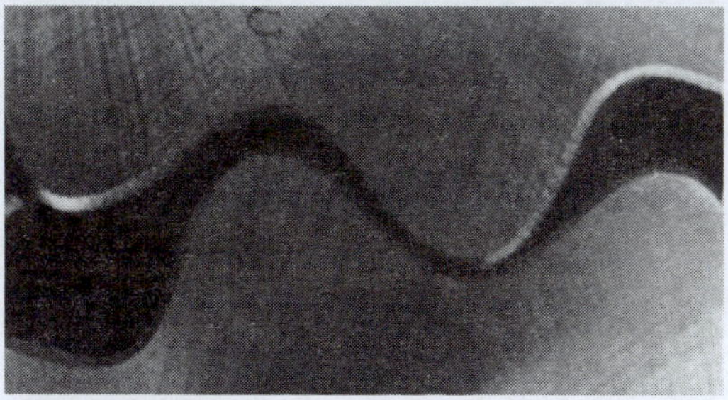

▲正弦曲线齿廓

渐开线齿廓

渐开线曲线是本书第 28 页所描述的一种曲线。齿轮的齿廓使用的就是这种曲线的一部分。说起齿轮，就必须要考虑分度圆。基圆如字面所示，是渐开线曲线的基准，渐开线曲线与分度圆没有任何关系。

分度圆、齿距（模数也相同）是相同，既能描绘出基圆小的渐开线曲线，也能描绘出基圆大的渐开线曲线。要描绘基圆小的渐开线曲线，将齿立起，齿高变高。相反的，要描绘基圆大的渐开线曲线，将齿放倒，齿高变低。

这个基圆的大小，与压力角的大小相关，(见第 44 页)。

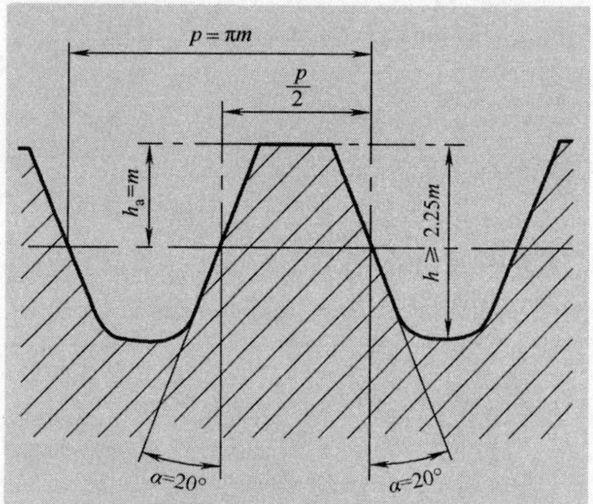

图 1　标准齿条的齿廓及尺寸

JIS B 1701[⊖]中对于渐开线齿廓规定了当压力角为 20°时的尺寸以及标准齿条的齿廓、尺寸（见**图 1**）。况且，模数制作得随意、不准确，会引起混乱。因此，一般通用第 1 系列中的规格；尽量不用第 2 系列中的规格；除不得已的情况以外，基本不用第 3 系列。在 JIS B 1701 中，这三种规格模数范围为 0.1~50mm。该模数在本书第 37 页的与齿轮径节的对比表上有标注。但是，那个表没有区分第 1~第 3 几个系列。

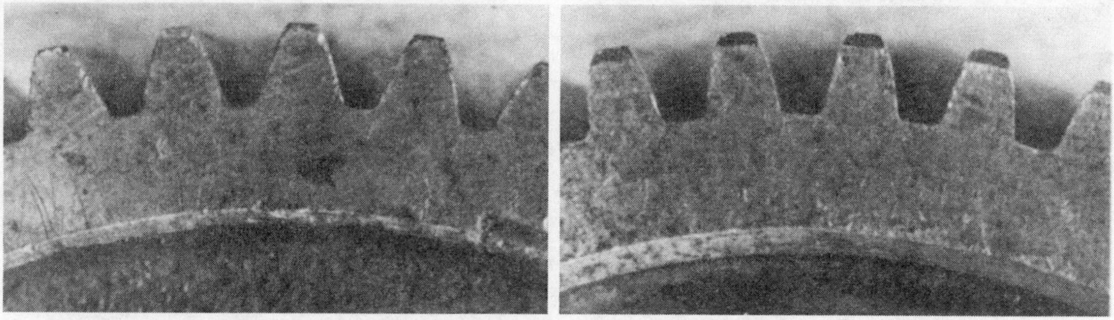

▲相同模数、相同分度圆，左图压力角为 20°，基圆直径小；右图压力角为 14.5°，基圆直径大

⊖　对应中国标准为 GB/T 1356-2001。——译者注

渐开线圆柱齿轮及斜齿轮的尺寸

项目	圆柱齿轮		斜齿轮 法向方式		斜齿轮 端面方式	
	标准	变位	标准	变位	标准	变位
模数	m		m_n		m_t	
标准压力角	$\alpha=20°$		$\alpha_n=20°$		$\alpha_t=20°$	
标准分度圆直径	zm		$zm_n/\cos\beta$		zm_t	
齿高	$h\geqslant 2.25m$		$h\geqslant 2.25m_n$		$h\geqslant 2.25m_t$	
变位量	0	xm	0	$x_n m_n$	0	$x_t m_t$
齿顶高	m	$(1+x)m$	m_n	$(1+x_n)m_n$	m_t	$(1+x_t)m_t$
端面齿厚	$\frac{\pi m}{2}$	$\left(\frac{\pi}{2}\pm 2x\tan\alpha\right)m$	$\frac{\pi m_n}{2\cos\beta}$	$\left(\frac{\pi}{2}\pm 2x_n\tan\alpha_n\right)\frac{m_n}{\cos\beta}$	$\frac{\pi m_t}{2}$	$\left(\frac{\pi}{2}\pm 2x_t\tan\alpha_t\right)m_t$

注：z 是齿数，β 表示的是标准分度圆柱螺旋角

术语中有“标准齿”这一说法。它指的是：除去顶隙的齿高，是模数的 2 倍的齿轮。与此相对，齿高比标准齿低的齿廓，称之为“低齿”；齿高比标准齿高的齿廓，称之为“高齿”（见**图 2**）。

标准齿中除去顶隙的齿高为模数的 2 倍，可参考**图 1**，上表中齿高是模数的 2.25 倍或 2.25 倍以上，齿顶间隙则为模数的 0.25 倍。那么切齿刀具的尺寸、其他的条件也相应发生变化。

上表中提到的“端面齿厚”，如图 3 所示。但是，齿厚是分度圆上的弧长，所以难以实际测量。齿厚除了端面齿厚以外，还有法向齿厚、轴向齿厚共三类。后两种齿厚是斜齿轮中才有的参数。

图 3 所示的“弦齿高”是用本书第 142 页提到的齿厚游标卡尺测量图 3 所示“弦齿厚”时，所依据的测量基准。

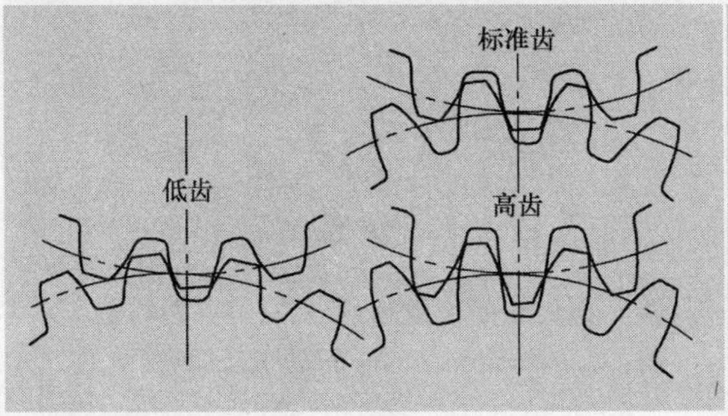

图 2　标准齿、高齿、低齿

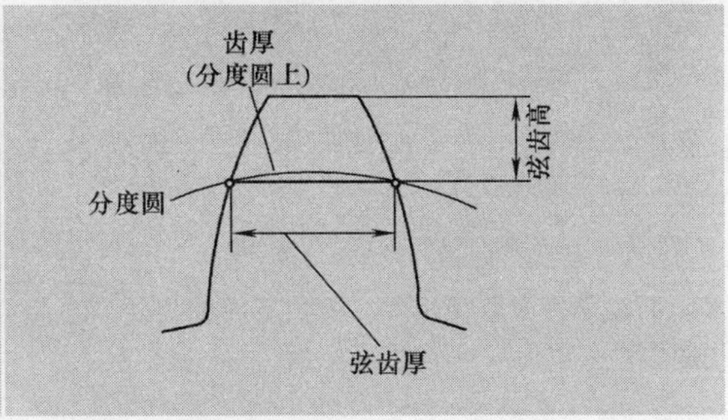

图 3　齿厚和弦齿厚

模数

传递转动的带轮或是摩擦轮的大小全部用直径（=外圆周长度）来表示，应该是容易懂的。当然，它们的宽度也是一个问题。如带轮或摩擦轮小，就无法很好地传递动力。因此，需要依靠平衡力。

但是，齿轮是一种神奇的零件，它不会出现上面的情况。已经知道，齿轮的直径对力的传动没有什么影响。决定传动转比的是齿数，但是并不是只确定齿数，就能得到任何想要的传动比。齿的大小也必须与之相应吻合。

齿的大小相同的齿轮，只要组合相应齿数的齿轮，就能得到想要的传动比。不过，如果齿的大小不一致，齿轮是无法啮合的。

表示齿的大小的术语是“模数”。模数的英文是 module,就是“基准”、“单位”的意思。齿轮分度圆直径除以齿数，其数值用 m 来表示。分度圆直径使用 mm 为单位，所以模数也是使用 mm 为单位[⊖]。

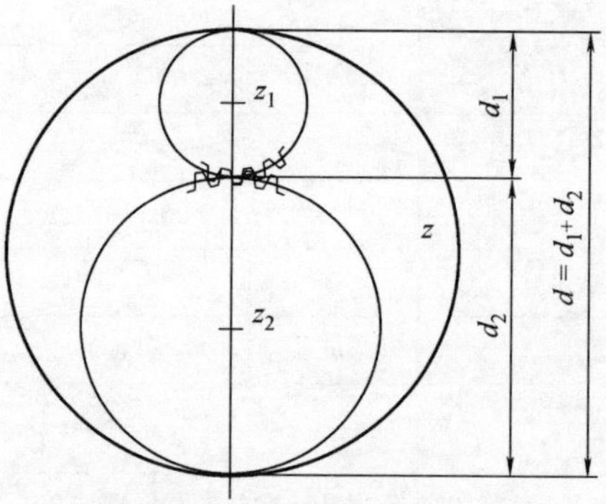

即

$$m=\frac{分度圆直径\ d}{齿数\ z}$$

换而言之，就是说某个大直径的分度圆

▲上面是分度圆直径相同，模数不同的齿轮。左起齿轮模数分别为 $m1 \cdot z60$，$m2 \cdot z30$，$m4 \cdot z14$

▲上面齿轮的齿数相同（z=40），但模数大小不同。大：m=4mm，小：m=0.5mm

⊖ 在日本，大多情况下，模数仅用数字表示。——译者注

（可以将它看成摩擦轮的外周圆）上，有几个齿。假使分度圆直径为 100mm 及与其大小相同的摩擦轮，切削的齿数分别为 20 和 100，齿的大小也会完全不同。

JIS 里，将“标准齿距除以圆周率的数值”，用 mm 单位表示。

因此，可以说

$$m=\frac{\text{标准齿距}\ p}{\text{圆周率}\ \pi}$$

而

$$d\pi=pz$$

即分度圆直径×圆周率=齿距×齿数

所以

$$d=\frac{pz}{\pi}=z\left(\frac{p}{\pi}\right)=zm$$

因此

$$\frac{d}{z}=m$$

通过这些计算公式，就能清楚了解它们之间的关系。

可以说 m 越大，齿也就越大。

▲如模数变大，当然齿宽也随之变大。左：m=2mm，中：m=4mm，右：m=1mm

应牢记以上特点。如果模数相同，两个齿轮齿数相加的数值相同的组合，均可以组装在间距相同的两轴上。

如**图 1** 所示，假设一个分度圆的直径为两轴间距离的 2 倍，那么

$$m=\frac{d}{z}=\frac{d_1+d_2}{z_1+z_2}$$

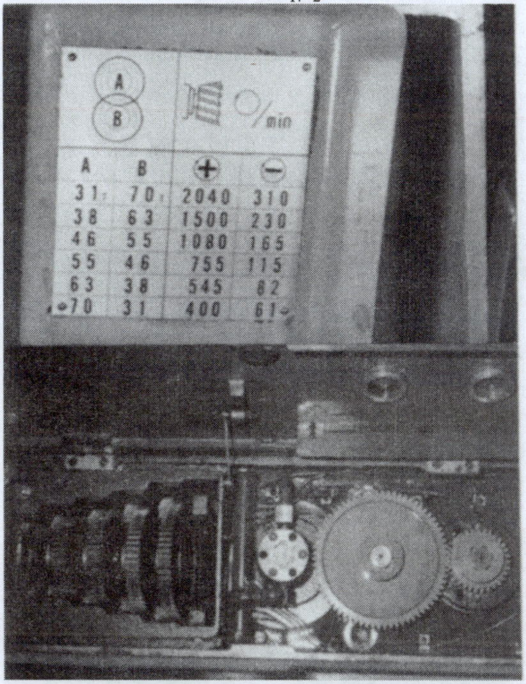

▲上面是铣床上使用传感器齿轮的变速装置的照片。虽说是一个装置，但其实只是将齿轮装在花键轴上。上面除了有两个一副共 3 副合计 6 个齿轮外，还包含了与这 3 副的齿轮副，共 6 副。通过这 6 副齿轮，进行变速。A、B 这两个齿轮的齿数相加所得的数值全部相等。与此模数相同的齿轮，如果齿数的和也与以上数值相等，例如照片中 20 和 81、15 和 86，符合这样要求的组合，也能组装在这个上面。

齿轮的径节

相对于米制单位，在英国、美国也使用英寸·英磅制度。英寸制，是使用名为英寸的长度单位。英国和美国已经开始改用米制了，但是由于20世纪以前作为先进工业大国的英国、美国的影响力巨大，所以至今还存在着以“英寸”为单位的零件，并仍在生产。比如螺纹，在JIS规格中已废止的惠氏螺纹就是这种零件。

也有些齿轮是使用英寸这个单位的。长度单位是英寸，换算成米制单位，是个约数，不是整数，且使用有些不便，但是结果是相同的。

不过，表示齿的大小时，有着英寸独有的名称。用英寸单位表示齿的大小，用“齿轮径节”（diametral-pitch）来表示，也可直译为“直径齿距”。它的代号为 P，是不带单位的数值。

齿轮径节是齿数 z 除以分度圆直径 d 得出的数值，即

$$P=\frac{z}{d}$$

模数（见第34页）是 d 除以 z 得出的，所以模数和齿轮径节是相反的，用数学的观点来讲，它们互为倒数。

齿数 z 除以分度圆直径，这个直径（长度）的单位当然是in（英寸），把它换算成mm，完全没有任何意义。

齿轮径节换句话说，可以认为是“相当于直径1英寸的齿数有几个”。它与英制螺纹的表示方法“相当于1英寸的螺纹有几个牙”是相同的。

因此，用齿轮径节表示时，这个数值越大，齿就越小。因为这个定义是与模数是成反比的，所以此数值和齿的大小的关系，也跟模数成反比。

这么说，模数和齿轮径节的大小比例是怎样的呢？$m5$ 和 $P5$，哪一个大些，又是按怎样的比例来确定的呢？

因为1in（英寸）等于25.4mm，所以

$$m=\frac{d(\mathrm{mm})}{z}=\frac{25.4\ (\mathrm{mm})}{P}$$

$$P=\frac{z}{d(\mathrm{in})}=\frac{25.4\ (\mathrm{mm})}{m}$$

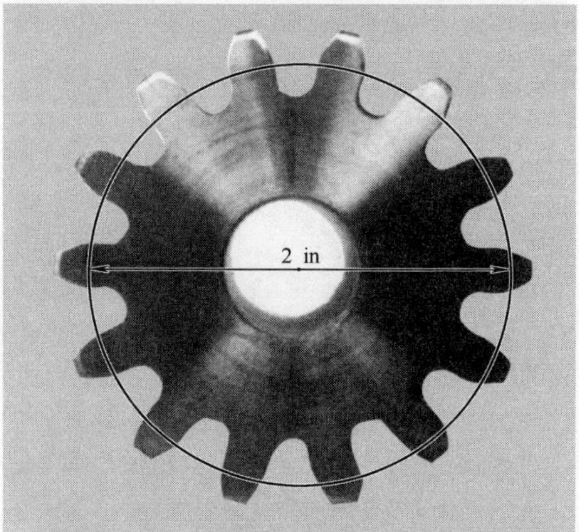

▲齿数 z 除以分度圆直径 d 等于齿轮径节 P。上图中的齿轮 z：14，d：2（in），所以 P 等于7

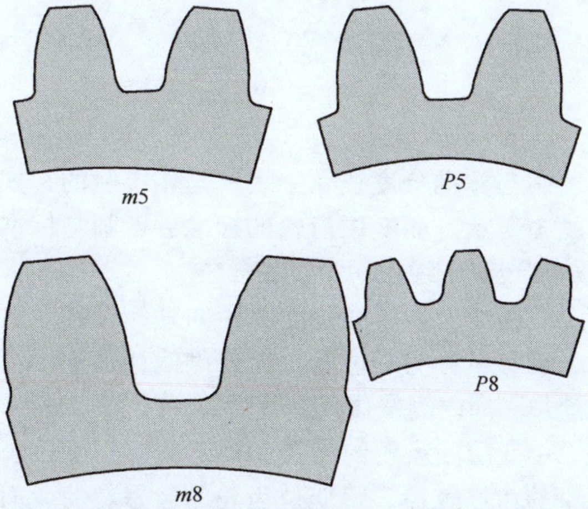

▲齿轮径节和模数大小的比较

这两个数值非常相近，*m*5=*P*5.08，*m*5.08=*P*5。在这种情况下：*m* 变小，*P* 就变大；*m* 变大，*P* 就变小。*m*0.1=*P*254，*m*10=*P*2.54。

这是一般的换算方式，实际上是不会使用 *m*5.08、*P*5.08 这样带分数的数值。

在 JIS B 1701 中，规定了渐开线圆柱齿轮及斜齿轮标准模数的标准值。而且，齿轮径节也应该是整数，1in 以下的分数，分母应该是 4、8 等这样的数值。

右表是齿轮径节和模数的对照表，可供参考，其模数是在 JIS B 1701 所规定的。

▼齿轮径节和模数的对照表

模数	齿轮径节	模数	齿轮径节
0.1	254	3.5	
0.15		(3.6286)	7
0.2	127	3.75	
0.25		4	
0.3		(4.2333)	6
0.35		4.5	
0.4	$63\frac{1}{2}$	5	
0.45		(5.0800)	5
0.5		5.5	
0.55		(5.6444)	$4\frac{1}{2}$
0.6		6	
0.65		(6.3500)	4
0.7		6.5	
0.75		7	
0.8	$31\frac{3}{4}$	(7.2571)	$3\frac{1}{2}$
0.9		8	
1		(8.4677)	3
(1.0583)	24	9	
(1.1546)	22	(9.2364)	$2\frac{3}{4}$
1.25		10	
(1.27)	20	(10.1600)	$2\frac{1}{2}$
(1.4111)	18	11	
1.5		(11.2889)	$2\frac{1}{4}$
(1.5875)	16	12	
1.75		(12.7000)	2
(1.8143)	14	14	
2		(14.5143)	$1\frac{3}{4}$
(2.1167)	12	16	
2.25		(16.9333)	$1\frac{1}{2}$
2.5		18	
(2.5400)	10	20	
2.75		(20.3200)	$1\frac{1}{4}$
(2.8222)	9	22	
3		25	
(3.1750)	8	(25.4000)	1
3.25			

变位齿轮

所谓“标准齿轮”，在 JIS 中的定义是：标准分度圆上的齿厚是标准齿距的 1/2 的齿轮。且不论这个难懂的定义，要是随意起个名字，就干脆称它为“普通齿轮”好了。

相对于标准齿轮，还有“变位齿轮”。变位齿轮在 JIS 的定义是：渐开线齿轮与无侧隙标准齿条相啮合时，标准分度圆和标准分度线（中线）不接触的齿轮。这么复杂的定义，一般的人很难理解。那么，变位齿轮和普通齿轮到底有什么不同之处呢。

请想想渐开线齿廓的展成式（见第 108 页）开发时提到的渐开线齿条，根据 JIS 定义，这种渐开线齿条可认为是标准齿条。这样一来，标准齿轮与这种标准齿条的标准分度圆与标准分度线（中线）是相接触的，如**图 1** 所示。而变位齿轮的标准分度圆与标准分度线（中线）不相接触。

图 2 上，标准分度圆稍向外侧偏移。这个偏移量称为变位量。向外侧偏移是正（+）变位，向内侧偏移则是负（–）变位。

变位的齿轮的齿是怎样的呢？正变位齿轮的齿厚较厚，负变位齿轮的齿厚较薄。而且，依据变位量不同，齿顶圆（外径）、齿根圆也不同，有的大、有的小。

在齿厚和齿顶圆的关系中，较难区分的是高齿、低齿。根据高齿、低齿，就可推知齿顶圆或大或小。也就是说，齿厚相同时，齿高，齿顶圆就高；齿低，齿顶圆就低。

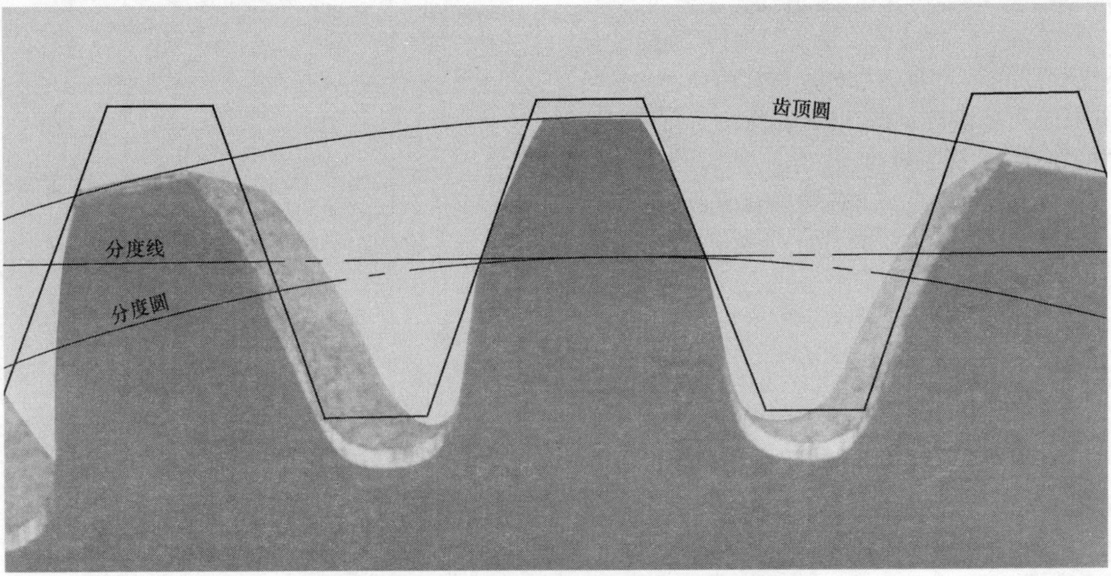

图 1　标准齿轮标准分度圆与标准分度线（中线）相接触

为什么做这些额外的研究呢？因为在本书第 42 页讲到了“齿的干涉”和“最少齿数”“根切”等内容。那些概念能很好地解决现在这些问题。

首先，是“根切”。在齿加工方面，认为齿条式刀具及其他刀具为标准齿条，齿数一旦变少，就会发生齿的干涉，即产生根切。为了避免这种根切，就要使刀具或毛坯（齿轮毛坯）中任意一方后退。也就是说，啮合较浅时，或在齿加工中切削较浅时，是正(+)变位。

正变位时，齿加工不会发生根切，也不会发生齿的干涉，所以，最少齿数可以比第 42 页的齿数值少一些。

变位齿轮，分度圆和节圆不重合。第 1 个是“标准分度圆”，这是最基本的概念，它是由模数和齿数决定的；第 2 个是“节圆”，它是依据或“+”或“−”的变位量，半径也随之或“+”或“−”的节圆。即，变位齿轮相当于啮合时的摩擦轮，在某个范围内变位量逐渐发生变化。所以变位齿轮，中心距离也因此发生变化。

所以，压力角也将变化。和分度圆一样，压力角也分为“标准压力角”和“啮合角”两种。在标准齿轮中，这两者是一致的，与分度圆相同。但变位齿轮则依据变位量不同，节圆也相应发生变化。

并且，与测量相关的是：因为变位齿轮的齿廓会发生变化，所以即使齿厚相同，“公法线长度”（见第 144 页）也会发生变化。这个“公法线长度”的变化量也可通过计算方法得到，这里就不详细介绍了。

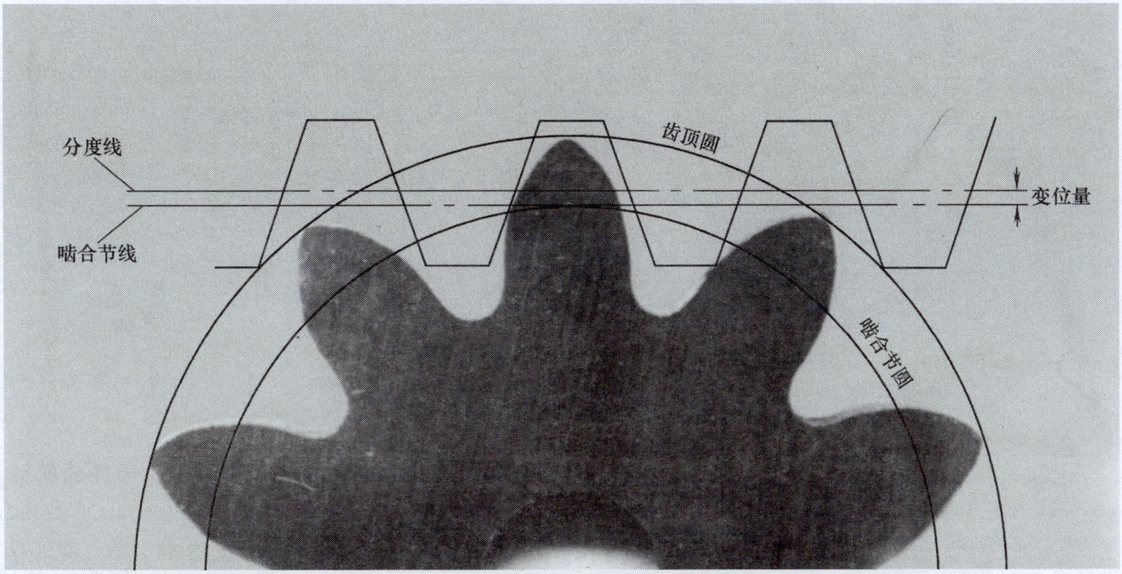

图 2　变位齿轮依据变位量标准分度圆有偏移

变位齿轮的作用

变位齿轮的原理在第 38 页已进行了详细说明。现在，来考虑变位齿轮的实际传动吧。

首先是啮合。有人提出了一个疑问：正变位齿轮齿厚变厚，所以它和普通齿轮岂不是无法啮合？

下面是啮合的齿轮实例。与标准齿条啮合时，变位齿轮向某方向（正变位外侧）偏移，

上面是说明变位齿轮的模型。

小齿轮是20 个齿，与其啮合的大齿轮从右至左分别为固定在同一个轴上的 38、39、40、41、42 个齿的齿轮。中间 40 个齿的是标准齿轮。

如果使轴心偏移相同的偏移量，它们就能啮合。

请看左边照片，与理论相比这个照片更直观。

左边照片中的小齿轮是20齿，与之相啮合的大齿轮从右至左分别是38齿、39齿、40齿、41齿和42齿。5个大齿轮的齿数不同，但是齿顶圆（外径）相同。在这种情况下，这个齿轮可以毫无阻碍、顺畅地运转。

在这5个大齿轮里，标准齿轮是中央的40个齿的齿轮。它的右侧齿数少的齿轮，是正变位的齿轮，而它左侧齿数多的齿轮则是负变位的齿轮。

如同前面所讲的那样，这个齿轮的轴没有发生偏移，5个齿轮都装在同一个轴上。这个说法与前面好像有点矛盾。一般来讲，38齿的齿轮直径最小，应该是最靠近轴的。使它在靠近40齿的标准齿轮轴心处向外侧偏移，即成为正变位的齿轮。

42齿的齿轮原本是比其他齿轮直径更大些，自然也应该离轴更远。使之成为负变位齿轮，即啮合更深，因为它的齿顶圆与40齿的齿轮相同，但分度圆要小一些，所以这个42齿的齿轮在切齿时，其位置应比40齿的标准齿轮更靠近轴。

下面来举个实际的例子来说明吧。

在某个齿数的组合中，由于小齿轮的齿数过少，所以小齿轮会发生根切。此时，为了避免根切，要使小齿轮成为正变位齿轮。但这样做，由于轴间距离变大，对齿轮装置不利。因此，使大齿轮成为负变位齿轮，使轴间距减少，这个减少量与因小齿轮而变长的轴间距离相互抵消，使之达到±0。这样一来，小齿轮的齿厚变厚，大齿轮的齿厚变薄，它们就能很好地啮合了。

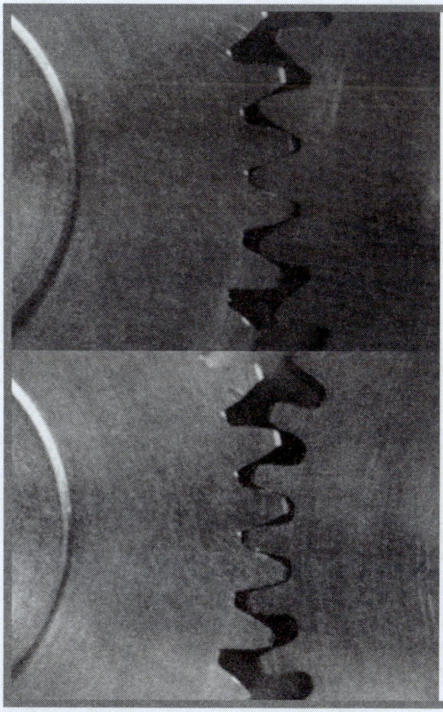

左边是齿数20的小齿数，右边是＋变位的齿数为38的大齿轮

左边是齿数20的小齿轮，右边是－变位的齿数为42的大齿轮

齿的干涉和最少齿数

齿轮减速器（见第 78 页）1 级减速比最大是 10:1 左右。一般认为齿数比越大，同样也可以提高减速比。不用说，大齿轮的齿数越大，分度圆半径无限大时就成为齿条，但分度圆在圆形范围内仍然是有限度的。这里提到的限度仅指这里的尺度，由于减速器不是为了好玩而制作出来的机械。所以，从经济方面考虑，稍微小一点的好。

一旦制为大减速比，一定会挤压到小齿轮。因此，最好的方法就是减少小齿轮的齿数。

如果减少小齿轮的齿数，将会出现什么样的状况呢？

请看**图 1**。**图 1** 中齿条的模数是 6mm。与这个齿条相啮合的小齿轮的齿数分别是 17 和 9。齿条与齿数为 17 的小齿轮啮合并没有什么阻碍，但是，与齿数为 9 的小齿轮啮合，齿条的齿顶与小齿轮的齿根会碰撞。

齿数一旦变少，就会发生这种现象，将此称为“齿的干涉”。

如果这样，齿轮是不能旋转的。而且，利用滚刀、齿条式刀具、小齿轮刀具进行齿加工时，被加工一方的齿根会被挖掉。如齿根被挖掉，齿的强度也会被削弱。

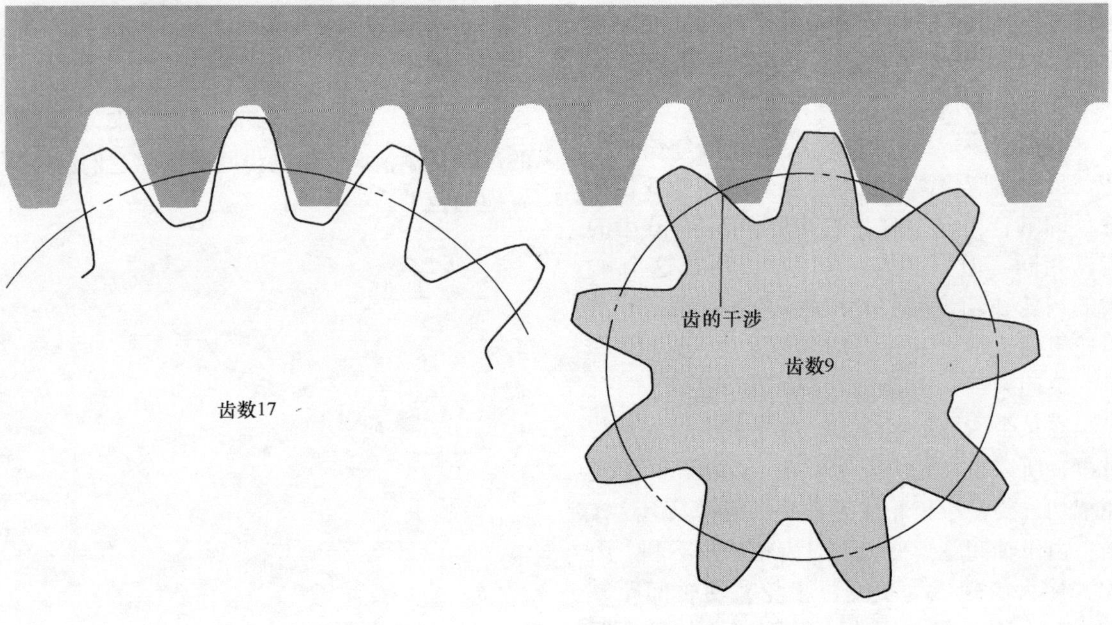

图 1　对于压力角为 20°的标准齿，齿数在 17 齿以下的齿轮与齿条啮合时会产生“齿的干涉”

所谓齿数变少，说的是分度圆变小。当然，与此同时基圆也变小。

但是，模数相同的齿，分度圆周上齿的齿距，即齿厚是相同的。但如果齿高不同，也无法啮合。

描画分度圆上相同齿厚的渐开线曲线时，

分度圆越小（基圆也同此一样），基圆和分度圆的间距，也就越小。这个原理请参考本书第 32 页关于渐开线的说明。

基圆小时，从这个基圆至渐开线的渐远部分，直至渐开线倾斜部分进行啮合。基圆大时，则在渐开线曲线竖直的部分之间啮合。通过这个原理可知，在齿数少的情况下齿会相互错开，并倾斜。

而配对齿轮的齿顶，进入小齿轮的基圆里时，将出现齿的干涉现象。

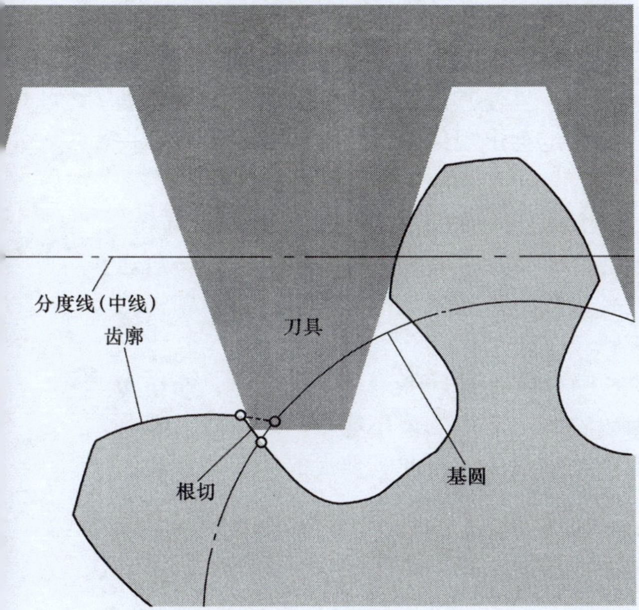

图 2　刀具的根切

齿加工时，如出现**图 2** 那样的情况，就称之为“根切”。

齿的干涉发生在两齿轮的齿数比大、齿数少的情况下。因此，根据配对齿轮的齿数、压力角，可以得出避免发生齿的干涉的最小齿数。

压力角 20°的标准齿

配对齿数	12	16	25	44	94	齿条
最小齿数	12	13	14	15	16	17

压力角 14.5°的标准齿

配对齿数	22	30	50	齿条
最小齿数	22	24	26	32

为了消除齿的干涉，得出了切齿时“变位”（见第 38 页）的概念。

齿轮的齿数少到什么程度，就可以避免这种问题呢？

齿数一旦变少，齿面的滑动就不可避免会变多。因为压力角不太合适，会使力的传动效果变差。实际上这样勉强传动是没有意义的，所以从实用方面考虑，最佳齿数大概是 6 个。

本书第 50 页上讲了脱离实际应用制作出的齿轮副，它的齿数比是 1:1，作为传递旋转运动的零件，它没有任何意义。

压力角

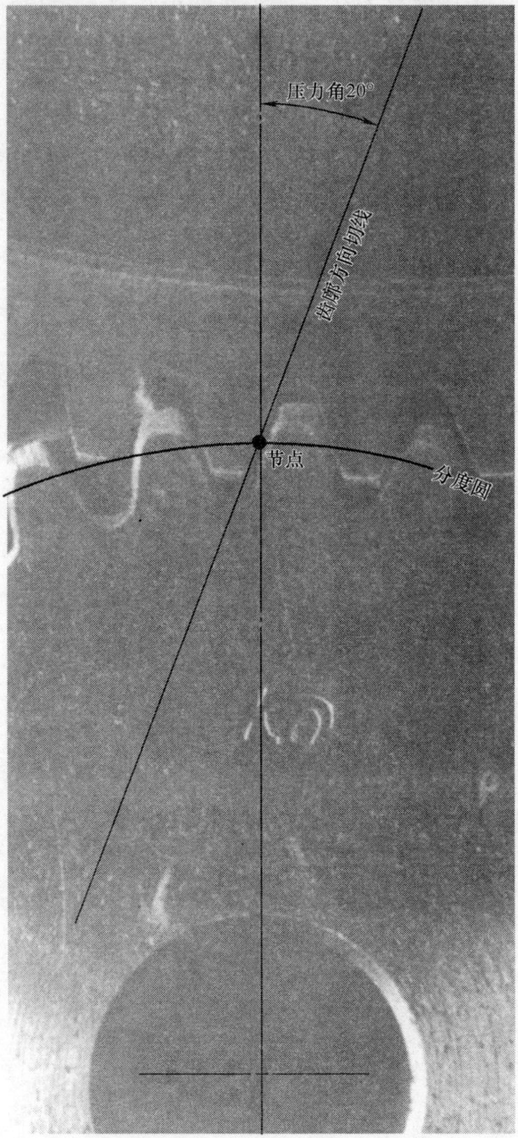

▲压力角

齿轮有“压力角”的概念。JIS中的定义为：过齿面的一点（通常称之为“节点”）的半径线和齿廓方向切线形成的角度，如左图所示。

这样会产生什么问题呢？为了弄清楚这一点，下面来研究下压力角出现错误时，会出现什么情况吧。

图1是30°压力角的A齿轮和10°压力角的B齿轮相互啮合的状态，双方齿轮的分度圆在*P*点接触。试着描绘通过这个*P*点的齿面，在这种情况下，为了简明易懂，可使分度圆和齿数相同。

从此图上看，两齿面的渐开线曲线重叠。但是一在实际齿轮上，齿是不可能重叠的。所以，一旦使其离开中心距离啮合，相互啮合就肯定会出现偏差。这样，节点*P*就不一致了。

节点不一致的情况在“齿廓的概念”（见第26页）中有相关的说明。但是，角速度与齿数不是成反比的。所以，不能顺畅地旋转。

啮合时，暂且不论一个齿怎样，如作为齿轮整体的其他的齿不能很好地接触，啮合就会发生偏差，因此其他齿的传动则会发生阻碍。

所以，为了使齿轮更好地啮合，模数与压力角必须相同。

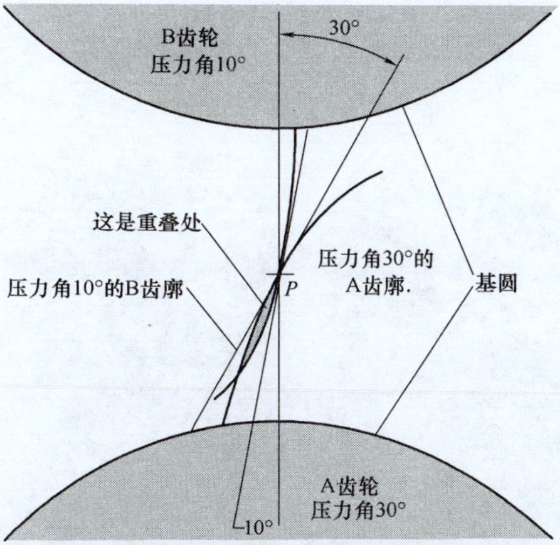

图 1　压力角为 30°和 10°的齿轮的啮合

那么，这个压力角多大最合适呢。JIS 中的渐开线齿轮的齿廓（B 1701）中，将其定义为 20°。而在日本外，除了美国的其他国家也都将其定义为 20°。

但是，因为以前也规定过 14.5°压力角的齿廓。所以，在实际机械中，至今也还在使用压力角为 14.5°的齿轮。因此，有必要对 14.5°压力角和 20°压力角的齿轮进行对比。

相同模数或齿轮径节，压力角分别为 14.5°、20°的齿轮，将它们进行对比，可以推断为齿较直的齿轮，压力角是 14.5°；齿较斜的齿轮，压力角是 20°。

压力角不同，实际上会出现什么样的差别呢？

压力角为 14.5°的齿轮，最小齿数最多是 17 齿。

由于这个限制，要扩大减速比或减小整体体积时，就非常不方便。

齿轮的压力角为 20°时，如下照片所示，齿顶变尖，而且啮合率减少。

如齿轮的压力角为 25°时，压力角从 14.5°到 20°逐渐变大时，齿面压强变好。

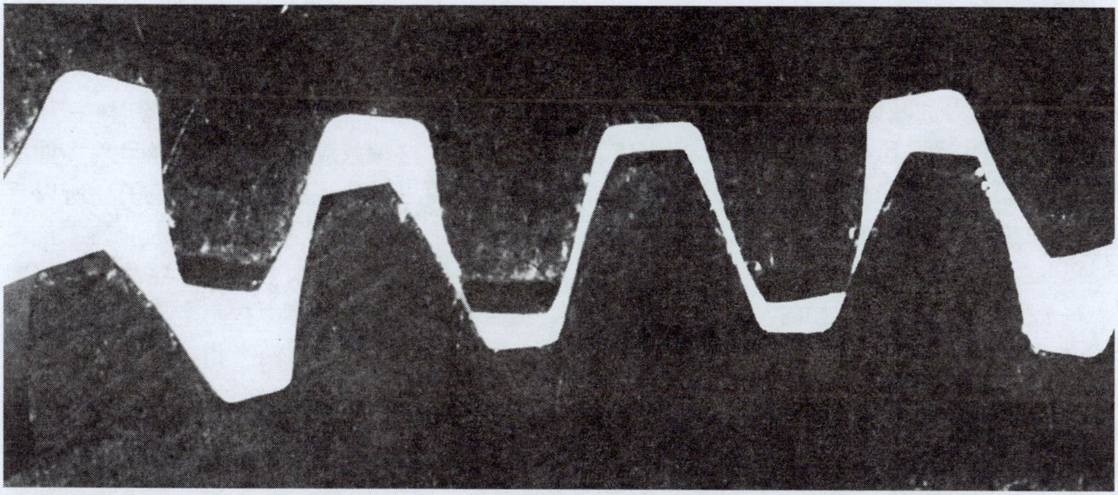

▲压力角为 14.5°（上）和压力角为 20°（下）的齿轮相同径节 *P* 的齿轮，齿数相同，但不能啮合

轮齿的受力

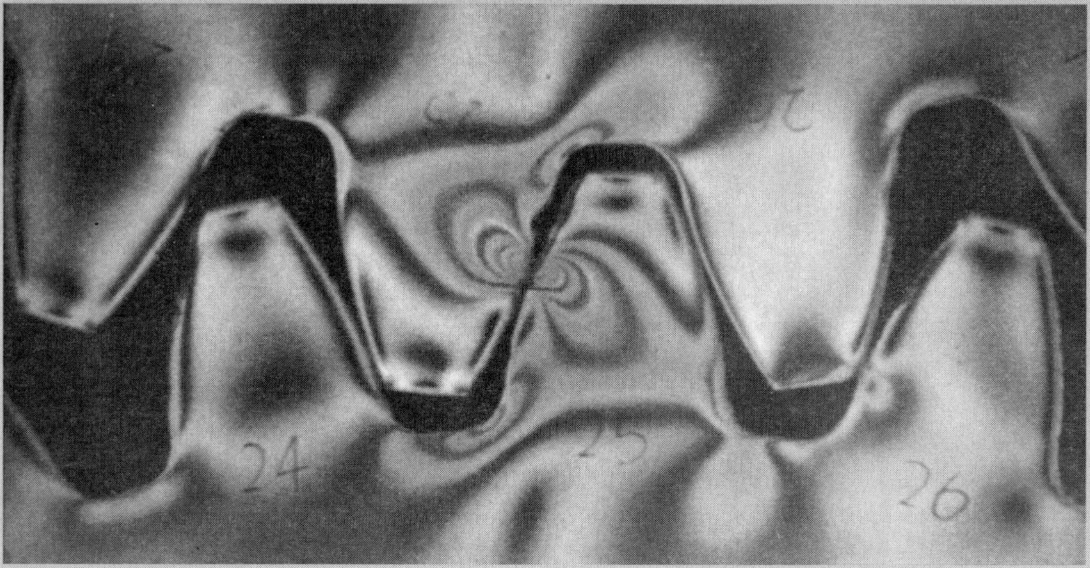

▲啮合齿轮的光弹性照片

齿轮是用于传递动力的重要零件。特别用在传递大动力的减速装置中，齿轮在符合很多条件的同时，还必须能够承受这个传动的力。要承受大的传动力，轮齿就要变大——即模数变大，或者模数不变而齿宽变大。

一般从理论分析是这样的。但是，一个单个的齿是如何承受力的呢？来看看上面这张“光弹性照片”。用塑料制作相同尺寸的齿轮，然后在上面施加力，当用偏振光照射时，承受力的部位就会产生“条纹”。受力大的部位，“条纹”细，而且多，从上面照片可以看出来。

本页的照片是用齿轮做实验时拍摄的，实际上，这种条纹会像彩虹那样呈现多种颜色，但很可惜这张照片不是彩色的，所以看不出来。

一对齿轮相互啮合时，从照片中可清楚地看到作用力主要集中在两个齿轮的齿相接触的部位。并且，在两个相啮合的齿的，对称位置也会产生同样的条纹。

其次，在齿根部位产生了更粗的条纹。这是随着齿轮的旋转，传动力挤压齿面，从而拉伸齿根部位而形成的。

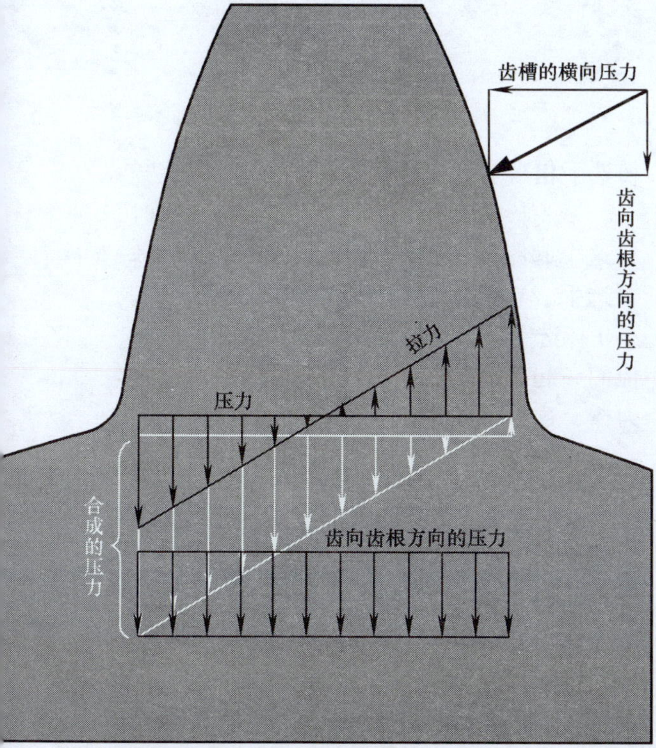

▲压力

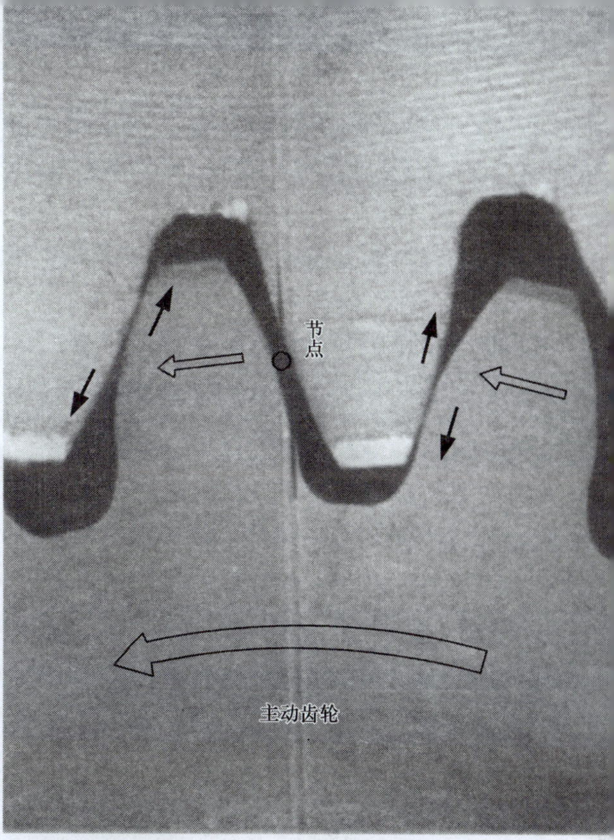

▲近啮合和远啮合

相对一侧的齿根处也会产生条纹，这是由于挤压轮齿的压力而产生的，如照片所示。

除此以外，齿槽的底部也要承受一些力。

而且，啮合齿后面的一个齿是部分啮合的。

这张光弹性照片显示的是一对齿在节点啮合时的状态。在这种状态下，下一个齿也已经开始啮合了（见第 48 页）。齿轮的齿在到达这个节点啮合之前，会有作用力互相作用、挤压齿面，从而使之转动。这个部分称为“近啮合”。而过了这个节点之后，有作用力相互作用在着齿上，使之转动，称这个部分为“远啮合”。

而轮齿齿面上承受着通过齿轮传递来的强大作用力，这就是通常所说的面压。

啮合率

要使一对齿轮顺畅、持续地转动，必须满足下述条件。在此情况下，只有本书第 26 页所论述的齿廓除外。

啮合的一对齿，正好只有一个齿（1 个齿距）转动时，下一对齿也处于开始啮合的位置。这种情形很像陆地的接力赛跑。如果说沿跑道一圈相当于齿轮的一个齿距，那么，第一棒选手相当于一对正在啮合的齿，第 2 棒选手相当于下一对准备啮合的齿。

第一棒选手沿跑道一周回到起跑线时，在这个起跑线上第 2 棒选手正在待命。第 2 棒选手，在第 1 棒选手回来时，开始准备，第 1 棒选手将接力棒交给第 2 棒选手的同时，他们一起往前跑。一边往前跑，一边交接接力棒，这种方式应该是最好的。从第 1 棒选手至第 4 棒选手都使用相同的方式交接，

周而复始，直至比赛结束。

齿轮的传动也和这个相似。某一对齿啮合即将结束时，下一对齿也将开始啮合。一旦啮合结束，又同时开始啮合，则同时啮合的齿数是 1。如同时啮合的齿数是 1 以下，则齿轮无法连续运转，而只能断续地运转。但是，设计齿轮时不会只设计同时啮合的齿数为 1。就像陆地中接力赛跑那样，必须有一个助跑空间，要设定一个 2 名选手同时跑的空间，即设定一个 2 对以上的齿同时边啮合边运转的空间。

该怎样设定这个助跑区相对于跑道一周的比例呢，表示这个比例的量就是“啮合率”。

JIS 中的定义为：接触弧的长度除以齿距得出的数值。渐开线齿轮啮合长度除以法向齿距得出的数值，与之相等。相比“接触弧”、“分度圆”等所谓的“弧”，“啮合长度”、“法向齿距”等“直线”更好理解，右面照片也说明了这一点。

标准齿轮，压力角 20°的标准齿、低齿的啮合率，总是比 2 要小。即普通的齿轮的啮合率通常总是 1 左右，请参考照片。

在 *A* 点一对齿开始啮合时，在法向齿距上一个齿距顶端的 *B* 点处，之前的那对齿还在啮合。所以说这个时候，是两对齿在啮合。

这个啮合持续进行，当啮合点由啮合长度的终点 *C* 点，移动至法向齿距一个齿距前的 *D* 点时，先前那对齿在 *C* 点处结束啮合。

啮合点进一步向前移动，当移动至 *B* 点时，下一对齿在 *A* 点开始啮合。其后，在 *C* 点啮合结束这段时间之内，是有两对齿在啮合的。

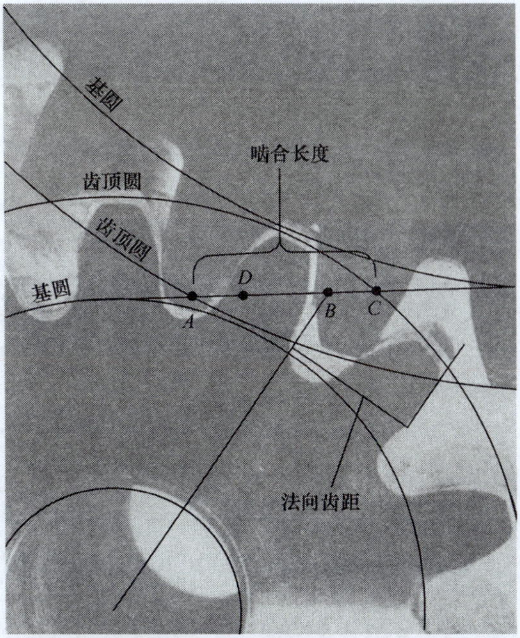

▲上面是啮合率为 1.3 的齿轮（AC=1.3，AB=1，BC=0.3）

这个啮合长度，*A* 到 *B* 之间是 1，*B* 到 *C* 之间是 0.3。因为 $AD=BC$，所以 *A* 到 *D* 之间也是 0.3。啮合率为 1.3 表示的是：*A* 到 *D* 之间及 *B* 到 *C* 之间各为 0.3，有两对齿啮合；中央的 *D* 到 *B* 之间为 0.7，有 1 对齿在啮合。

啮合率为 2 以上时，压力角 20°的齿必定是高齿。如果它的压力角是 14.5°，小齿轮的齿数应在 35 以上。小齿轮的齿数在 31 齿以上时，齿数的和最好大于 70。而斜齿轮的啮合率是比较大的。

本书第 50 页所提到的一个齿的齿轮，为了使啮合率达到 1 以上，将齿倾斜，从而变为“斜齿”。

1个齿的齿轮

齿轮的齿数最少能少到什么程度呢。据说最实用的齿数是6个左右。这此处给大家看的齿轮，并不考虑其实用性，考虑的是齿数比为1:1，即齿数相同，而齿数为0是没有任何意义的，1以下的斜齿数也不能称之为齿。

这样说起来，最少的齿数就是1个齿了。

现在来看看一个齿的齿轮转动一周的情况吧。首先是滚刀接触。

齿　　数	1	2	3
基圆直径	22.92	34.39	34.39
侧隙	0.3	0.3	0.5
法向齿距	71.96	54.00	36.00
啮合角	66° 54′	56° 35′	50° 20′
轴间距	58.41	62.45	53.88
齿顶圆直径	95.97	92.62	74.99
齿宽	50	50	50
导程	100	200	270
端面齿厚	62.00	45.00	29.00
法向齿厚	50.26	39.60	26.93

以上是1~3个齿的齿轮的数据。

▲1个齿的齿轮

1

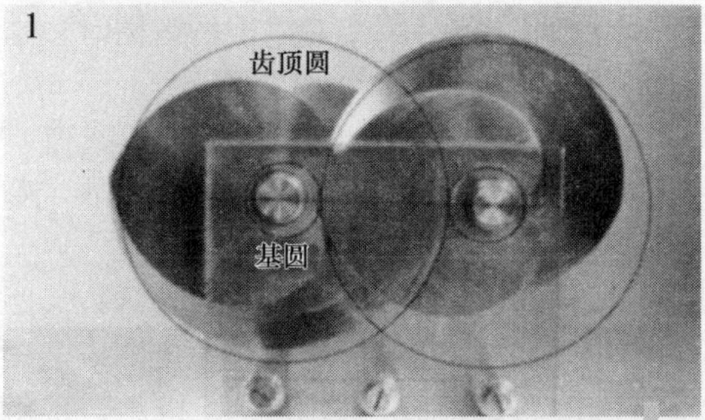

2

3

4

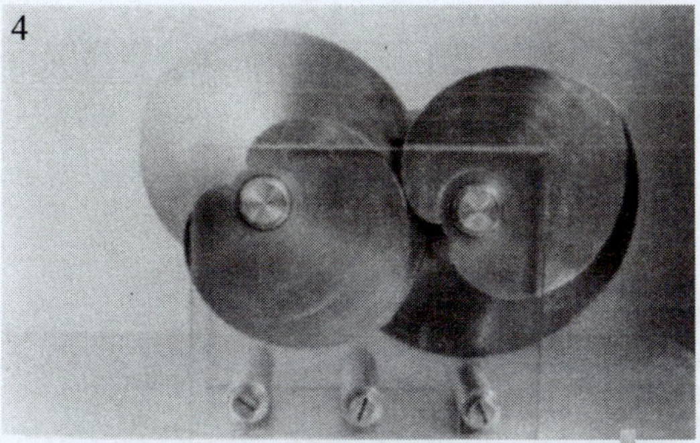

5

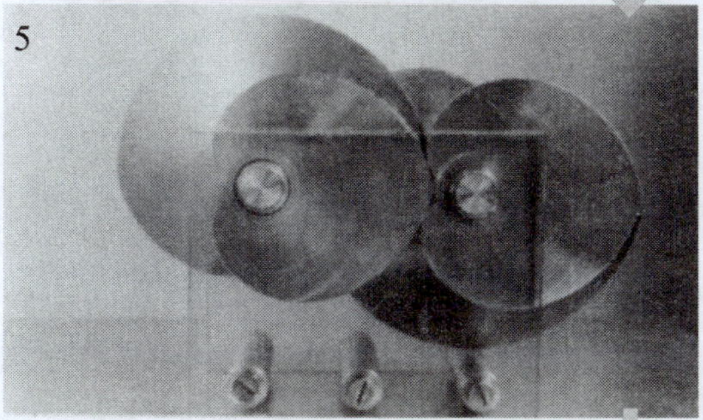

6

7

1副齿轮正常啮合，为了向两个方向都能旋转，啮合率必须大于1。为了达到以上要求，斜齿轮的螺旋角的大小必须像照片所示。请参考从上方或斜上方拍摄的照片，从照片中可以看出，它们在某个位置进行啮合。

因此，对于这个一个齿的齿轮，应弄清的是基圆和渐开线曲线的关系。请回忆本书第28页所阐述的渐开线曲线的描绘方法。渐开线曲线是从两侧分别画的，因为是一个齿，所以确定了基圆，则也确定了齿顶圆。

“齿轮博士”成濑政男先生在其所有的有关齿轮的研究成果中，研究出了齿轮的一般形式。他发现在理论上：斜齿轮可以是一个齿，而圆柱齿轮的最少齿数可以是三个齿。

以下就是两个齿及三个齿的齿轮。（日本职业训练大学·篠崎襄教授提供）

▲两个齿和三个齿的齿轮

斜齿—人字齿—交错轴斜齿

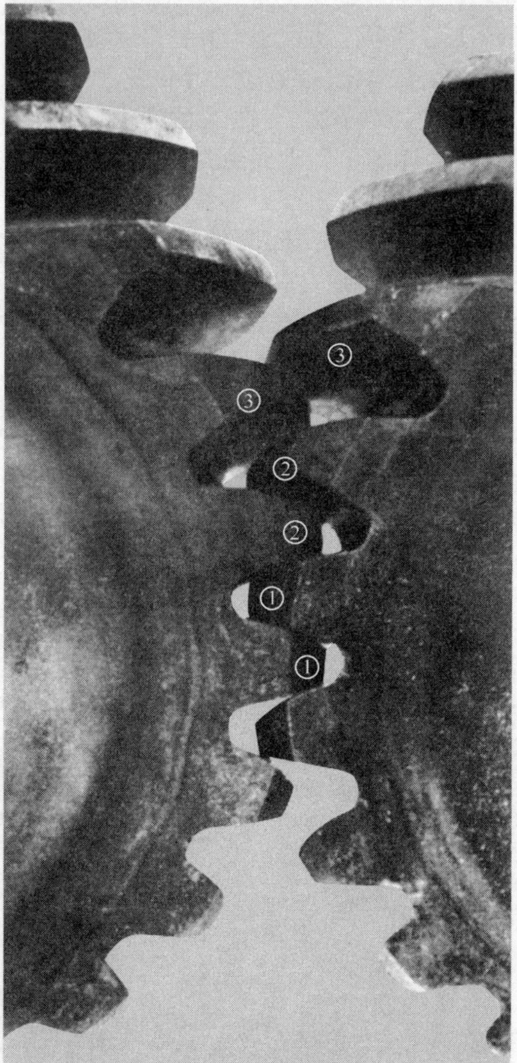

这个斜齿轮中有三个齿正在啮合
③号齿离开端面时，后面的齿进行啮合

▲第 1 级高速侧的倾斜角大，低速侧的倾斜角变小。为了减小轴向力，第 1 级和第 2 级的倾斜角度相反

将圆柱齿轮切成薄薄的几段，然后逐渐偏移组合而成的齿轮就是斜齿轮

有一种齿称为“斜齿”。如齿轮的齿笔直，则称之为“直齿”，可以把它看做普通的齿轮。“斜齿”与“直齿”是相对的，斜齿的齿轮就是斜齿轮。其定义可以参考本书第70页的内容。

这个斜齿不仅仅局限于圆柱齿轮，它也有锥齿轮。

为什么要制作出这种“斜齿”呢。既然这种“斜齿”有齿加工和齿测量中不方便、限制啮合对象等诸多的不便之处，为什么依然还要制作成“斜齿”呢？

原因很简单，其理由就是：齿轮啮合旋转时，斜齿的噪声很小，非常安静。

所谓声音，是由空气的振动产生的。要有声音发出，必定是有什么物体产生了振动。因此，声音小，就是振动小或是没有振动，也能顺畅地进行旋转。

那么，为什么“斜齿”的振动小呢？那是因为它同时啮合的齿数变多了。还有一个原因，是因为它啮合的方式不同。

请回想一下本书第22页中提到的爱伯特式铁轨的齿轨。它的齿轨被分割成三根，每一个齿的逐渐偏移1/3，在尺寸和模数上都有诸多限制，因而使大齿轮同时啮合的齿数增多。

来想象一下：将圆柱齿轮的齿在轴上沿法线方向切成几段，再像这个齿轨那样逐个稍偏移一些摆放。然后，使每段的厚度变薄，切成段的数量变得无限多。如此一来，各段将依次变小、流畅地连接。此时，难以分清齿轮的分度圆、齿数，也说不清它还是不是圆柱齿轮。

▲人字齿轮能减少轴向力

这时的齿轮就是“斜齿轮”。

以上列举了各种理论常识，接下来再看看“斜齿轮”上齿的啮合吧。照片里的斜齿轮啮合的齿有三个。如果是圆柱齿轮，恐怕只有不到两个齿啮合吧。正在啮合的①~③齿中，③齿的啮合，完全脱离了齿轮的端面（端面部分，靠近前部分），但是它的内侧确实还是在啮合的。

如果是圆柱齿轮（直齿），某个齿的啮合应该是由0逐渐变为整个齿宽，这样啮合会产生冲击。

而换作是斜齿轮，则是由某个齿的一侧顶端的一点，依次沿啮合线移动到全齿宽。当然就能够流畅地啮合了。

这样看来，“斜齿”是有优点的，但是也有一个问题。因为齿是倾斜的，从端面方向挤压齿的旋转力，通过力的分解，又生出了轴向的分力。所以，要设置出支撑这个力及轴向分力载荷的装置。因此，锥齿轮采用“弧齿”（交错轴斜齿）替代“斜齿”。

锥齿轮

锥齿轮能解决圆柱齿轮所不办不到的各种问题。

锥齿轮，设计的出发点是摩擦轮的滚动运动。在这种情况下，必须使两个圆锥的顶点重合设计在一点。一旦达不到这一点，从动齿轮方和主动齿轮方角速度之比，就不能固定。

摩擦轮的角速度之比不同时，会打滑即发生滑动，这是有利的。但是对于齿轮，那么齿轮的齿就不会啮合，也就无法转动。

在这里，一旦确定了两轴的交角，且确定减速比（齿数比），两个配对锥齿轮的分锥角也就自动确定下来了。

大部分锥齿轮是标准正交轴。标准正交

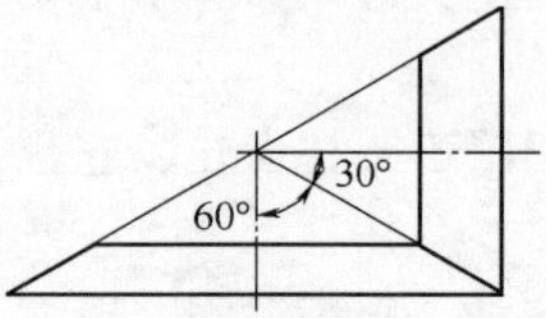

图 1

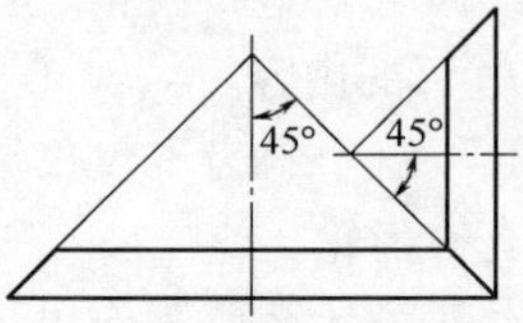

图 2

轴的状态下，是 1:1 的等径锥齿轮分锥角（分度圆锥角）是 45°，减速比是 2:1、3:1 如照片所示。

例如**图 1** 的情况，它的减速比是 2:1。要达到减速比 2:1，就要如图 2 所示那样通过分锥角 45°来实现。只仅仅在制图上能做到这一点，但圆锥的顶点不一致，一旦在这种状态旋转，就会出现刚才所说的角速度之比不固定的情况。如果不固定轴而使其旋转，**图 2** 平面上标准正交的轴，就会不

▲减速比 **1:1**

▲减速比 **2:1**

断倾斜，脱离摩擦面。一旦接触不到齿，就无法啮合了。

锥齿轮也有斜齿。它的原理同本书第 52 页所讲相同。但是对于锥齿轮，又有其不同之处，那就是主动、从动不能逆转。

严格地说，是不能使其逆向旋转。对于斜齿轮，是向螺旋的方向施加轴向力载荷。但由于锥齿轮副的两轴是相交的，所以在相交部位很难支撑轴。

因此，如果螺旋方向和旋转方向相同，齿轮在轴向力载荷作用下开始转动。如果是圆柱齿轮，啮合就会出现偏移。但是，锥齿轮的两个齿轮是靠近的会使齿的小端划伤，为了避免这一点，螺旋角和旋转的方向应是相反的。

即轮齿右旋时，则向左旋转驱动。这样做，齿轮就会向远离对方的方向转动，因而不会对齿施加过大的力。而且，这一侧支撑轴向力载荷的机构负担也小些。

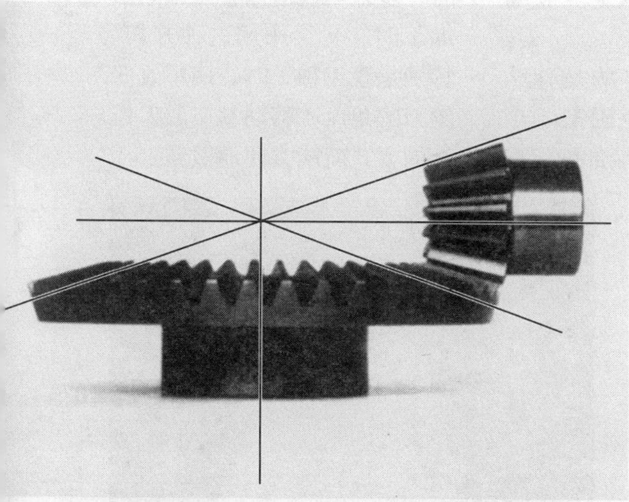

▲减速比 3:1

由于斜齿锥齿轮从齿加工机械的构造复杂且加工效率都很差，所以目前国内大部分使用的是弧齿锥齿轮。因为美国生产厂家通过格里森方式，能以 5~6 倍的高效率进行弧齿锥齿轮的齿加工。

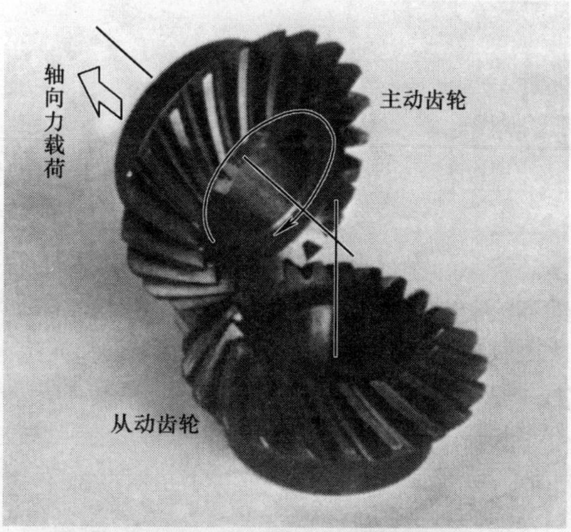

▲弧齿锥齿轮沿螺旋方向施加轴向力载荷

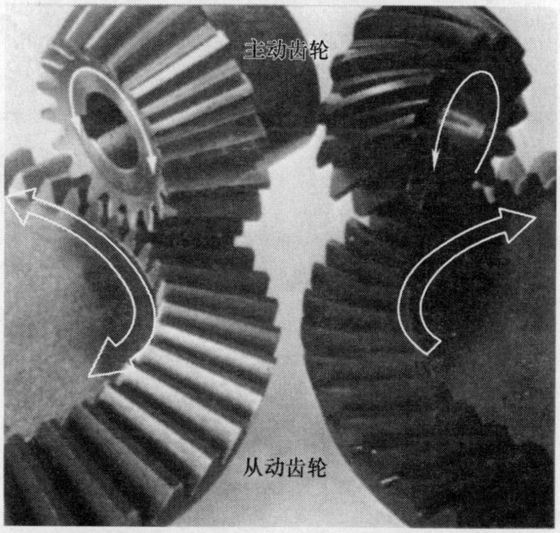

▲直齿能向两个方向转动，而斜齿只能向同一个方向转动

齿的修形

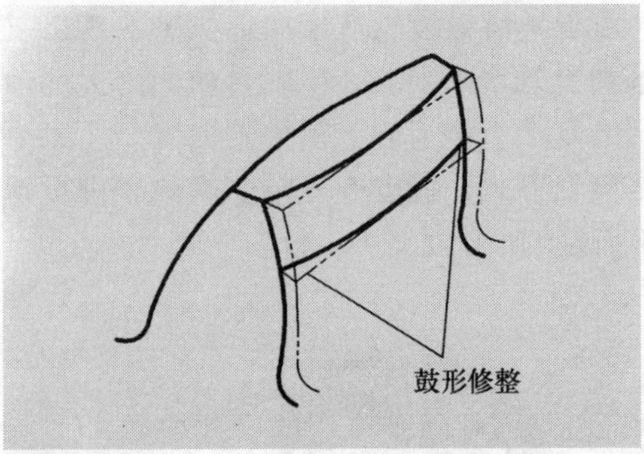

▲鼓形修整

▲对于齿宽较大的齿轮鼓形修整很重要

齿的修形有“齿廓修形”和“齿向修形”两种。

齿廓的修形指的是：将靠近齿顶、齿根角等的部位修整使齿变得更薄，使齿廓形状偏离渐开线曲线齿廓。这能避免由于载荷造成的齿的弯曲、齿距的误差等原因而形成的齿顶的干涉，使齿轮旋转顺畅。

实际上，无法啮合时，也可使用修整齿顶的倒角的方法。

“齿向修形”指的是鼓形修整。

JIS 中的定义是：在齿线方向上，将其修成合适的鼓形。所谓修成合适的鼓形，实际上并不是使其凸出，而是将靠近两端的部分切掉，结果看起来就像是凸出来了。换一个说法，则是：“从齿线的中央部位向齿线两端，使其齿厚逐渐减少。”

对于这个定义，可以说“齿向修形”是仅在齿线的端部，使齿厚逐渐减少。它与修缘是不同的。

齿向修形的目的是什么呢？它是为了避免因某一个齿的问题而使齿线端部的齿根部载荷过大。每一个齿都有可能发生各种各样的问题，比如齿轮、轴或轴承等的误差、装配上的误差、轴或齿轮的弯曲、甚至是齿轮箱总体的变形等。

齿廓的修整量、鼓形修整量实际上极其小，而且是曲线，所以肉眼根本是看不见的。圆柱齿轮、斜齿轮在修边时，多采用鼓形修整方式。齿加工时，也会采用这种方式。特别是滚齿加工时，使用改变滚刀的角度、移动基座或工作台的方式就能方便地做到。

▲修缘的斜齿轮的齿

▲齿顶进行倒角修整的齿轮

齿轮画法

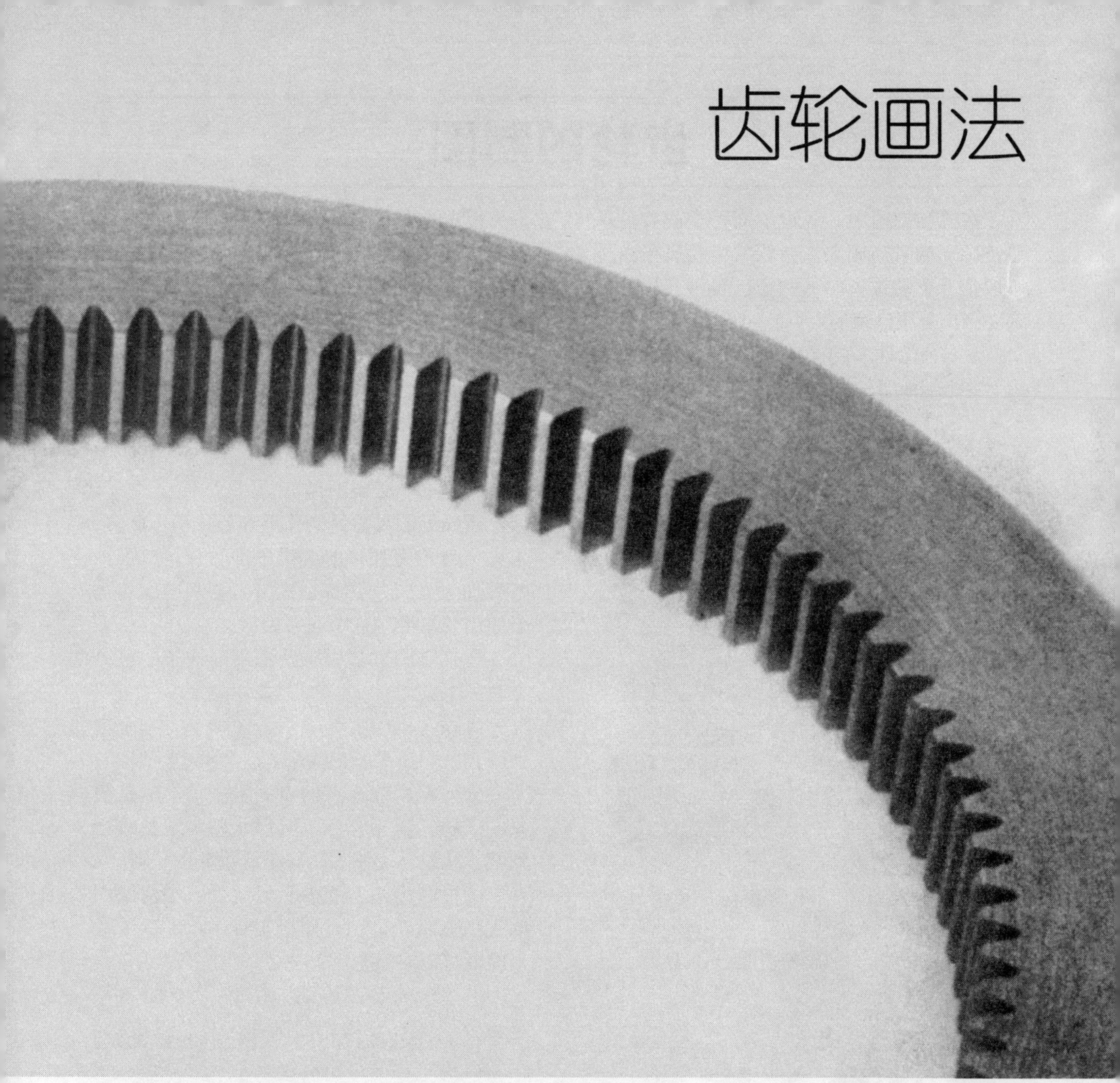

齿轮作为机械零件具有了复杂的外形。它的外圆上有凹凸不平的齿。一方面，如果忽略这个齿的凹凸不平，齿轮就是个具有单纯外形的零件。除了外形以外，齿轮也有很多相关的概念。因此，决定齿轮其独特的制图法。

齿轮的制图

在机械制图中，规定了同种类的零件一般情况下的省略画法。齿轮的齿就属于这种一般情况下的被省略的例子。各种各样的齿都要画出是很麻烦的。

从与齿轮轴垂直的方向看的图，称为端面图。这个端面图，如同照片中看到的那样，是非常模糊的线条。要画出这种难以看清的线条，是需要花费很大的工夫的。而且，要一点一点全部画出侧面图的渐开线齿廓，也是很困难的一件事。所以，这些都不需要特意花费工夫去画。

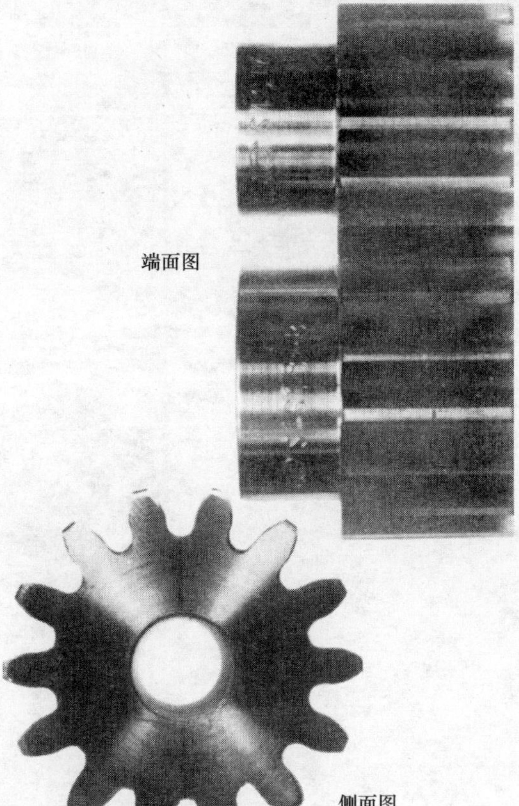

▲要把齿廓的细节都画出很费工夫

另一方面，齿轮也有几个特有的概念。这些项目汇总在一张一览表上，应该更加清晰易懂。因此，齿轮制图一般是图表并用的。

在这张一览表里，原则上要记入齿加工、装配、检查等必要项目。

图样上的尺寸是制作毛坯（见第 102 页，也称为齿轮毛坯）的必需条件。并且，根据各种加工方式，要特别标出齿轮基准面。这个面用“基准”这个词来表示。

在其制图方法中，使用不同线条的区分方法如下：

齿顶圆用粗实线表示，图样上有这个齿顶圆，就不需要画出齿廓。

分度圆用细一点的点线来表示。它是想象的虚线。因为实际上其形状用肉眼是看不到的。从设计上来说，它是最重要的一环。

齿根圆用细实线表示。但是，端面图用剖视图表示时，则是用粗实线表示。这个齿根圆也可以省略。

上述齿轮制图原则，在 JIS B 0003⊖中，对主要的渐开线齿轮的圆柱齿轮、斜齿轮、人字齿轮、交错轴斜齿轮、直齿锥齿轮、弧齿锥齿轮、准双曲面齿轮、蜗杆及蜗轮八类齿轮做了规定。这八类齿轮以外的齿轮也适用于这个规定。

⊖ 对应中国标准为 GB/T 4459.2–2003。——译者注

圆柱齿轮

在圆柱齿轮的图样应填入右表中的各类参数。

在这个表的各项参数里，“齿轮齿廓”有“标准”和“变位”的区别。

“齿廓”除了“标准齿”以外，还有“高齿”、“低齿”之分。

“齿厚”里的3个项目是测量和检查所必需的。

“精加工方法”则填入本书第108页之后所讲的加工方法。

“精度”仅仅用数字表示，是无法明白其基准的。它通过JIS代码、公司内部规格标明。

圆柱齿轮参数表　　　　(单位：mm)

圆柱齿轮					
*齿轮齿廓		变位		精度	JIS B 1702[①] 5级
工具	齿廓	标准齿	备注		
	模数	6		变位系数	±0.526
	压力角	20°		配对齿轮变位系数	0
*齿数		18		配对齿轮齿数	50
*标准分度圆直径		108		与配对齿轮的中心距离	207.00
齿厚	公法线长度	(跨齿数=　)		啮合角	22°10′
	弦齿厚	(齿高=　)		节圆直径	109.59
	滚柱（球）尺寸	$122.68^{-0.25}_{-0.88}$ (滚柱直径=8.856，球直径=　)		标准背吃刀量	13.34
精加工方法		滚齿加工			

① 对应中国标准为10095.1-2001和10095.2-2001。

这个制图图例的尺寸仅仅是JIS B 1701的标准尺寸，实际上制图时还有其他部分的几个参数要填入。

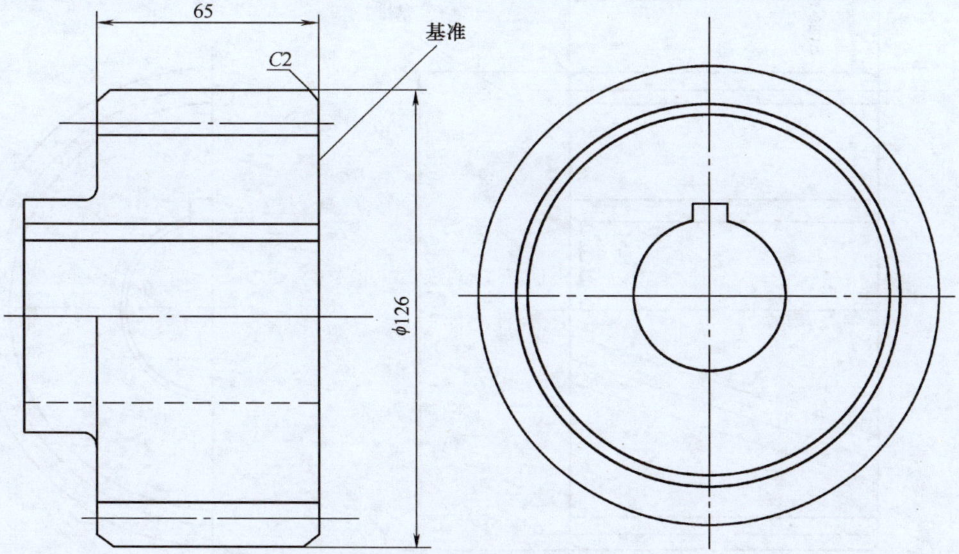

▲圆柱齿轮参数表

斜齿轮、斜齿

斜齿轮、人字齿轮、交错轴斜齿轮图示里有“齿廓基准平面”这个项目，这个项目表明“法向角”和“端面角”（见第52页）的区别。

它们的图示中增加了“螺旋角”、“螺旋方向”、“导程”等其他圆柱齿轮图示上所没有的项目。

斜齿轮参数表（斜齿内齿轮、人字齿轮的项目等同此）

（单位：mm）

斜齿轮					
*齿轮齿廓		标准	齿厚	公法线长度（法向）	（跨齿数=3）
*工具	齿廓基准平面	法向		弦齿厚（法向）	（齿高=　）
	齿廓	标准齿		滚柱尺寸	（滚柱直径=　球径=　）
	模数	4	精加工尺寸		研磨精加工
	压力角	20°	精度		JIS B 1702 1级
*齿数		19	备注	基圆直径　78.78 标准背吃刀量　9.4 进行齿廓修整及鼓形修整	
*螺旋角		26°42′			
*螺旋方向		左			
导程		531.385			
标准分度圆直径		85.071			

“螺旋角”大家应该能理解。而“螺旋方向”，是用于区别斜齿轮左旋或右旋的方向的。这个左或右，指的是立于轴的上下位置，齿线向右倾斜，为右螺旋；向左倾斜，则是左螺旋。螺纹的右螺旋、左螺旋，类似于立铣床的右螺旋、左螺旋。

斜齿轮，如果是内齿轮，就不能用这个方法表示齿线。只有根据与内齿轮相啮合的

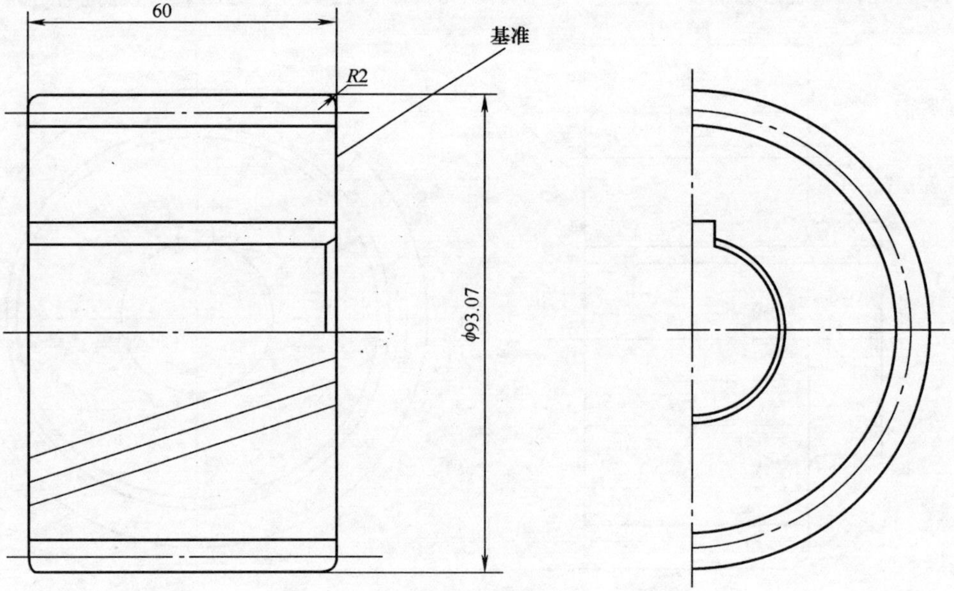

▲斜齿轮的参数表

内齿轮、人字齿轮

外齿轮的螺旋方向的图示来表示。

人字齿轮的螺旋方向有两个方向，这个也是通过图样来表示。

齿线与轴平行的圆柱齿轮另当别论，除圆柱齿轮以外的齿轮，齿线方向的线条是用3根细实线在图样上表示。

如果没有在图样上用线条表示，在参数表的项目里对齿线方向进行标注也可。但是要到达一目了然、简单易懂的目的，还是在图样上画出表示齿线更好。螺旋角等不需要那么精确。斜齿轮或人字齿轮的区别，只要明确右螺旋或左螺旋就行了。

用剖视图表示端面图时，齿线方向在图中用3根虚线画出靠近自己一侧齿的齿线方向。

斜齿内齿轮、人字齿轮的参数表中标注项目，与斜齿轮标注在参数表的各个项目相同。但是，斜齿内齿轮不需要记入“公法线长度”的项目。

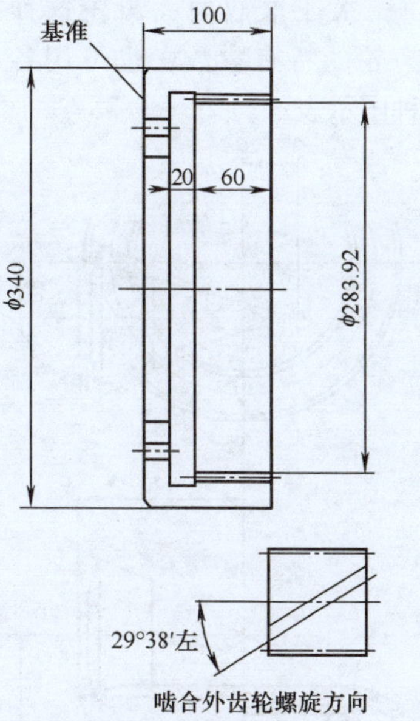

▲斜齿内齿轮（端面图）

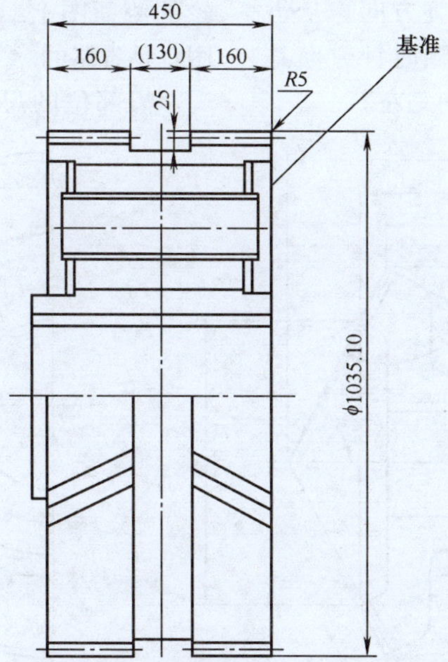

▲人字齿轮（端面图）

锥齿轮（直齿锥齿轮、弧齿锥齿轮、准双曲面齿轮）

这类齿轮的“齿廓”项目里，增加了切齿机厂家的加工方式。例如格里森式就是其中的一种方式。

锥齿轮有各种各样复杂的问题，所以会将配对齿轮作为一副来考虑。因此，配对齿轮各类项目也会同时记入参数表中。

弧齿锥齿轮、准双曲面齿轮的齿线，是用一根粗的实线来表示。这个螺旋角是利用齿宽中央的齿线和通过这个点的分度圆锥母线的角度来表示。螺旋方向，从齿轮的上方看，顺时针方向是右，逆时针方向是左。

直齿锥齿轮参数表　　（单位：mm）

直齿锥齿轮						
项目	大齿轮	（小齿轮）	项目		大齿轮	（小齿轮）
* 齿廓	格里森式		分锥角		60°39′	（29°21′）
* 模数	6		根锥角		57°32′	
* 压力角	20°		顶锥角		62°28′	
* 齿数	48	（27）	齿厚	测量位置	外端齿顶圆部	
齿宽	50		齿厚	弦齿厚（法向）	$8.05^{-0.10}_{-0.15}$（齿高=4.14）	
* 轴交角	90°		精加工方法		研磨	
* 分度圆直径	288	（162）	精度		JIS B 1704[1] 4 级	
齿高	13.13		备注			
齿顶高	4.11		备注			
齿根高	9.02		备注			
锥距	165.22		备注			

① 对应中国标准为 GB/T 11365-1989。——译者注

原则上，齿根圆在锥齿轮的侧面图上（从轴向看的图）是省略的。

齿部位的尺寸，用外端的数值来表示。

关于准双曲面齿轮这种齿轮的特有参数，也可用各种图示表示。

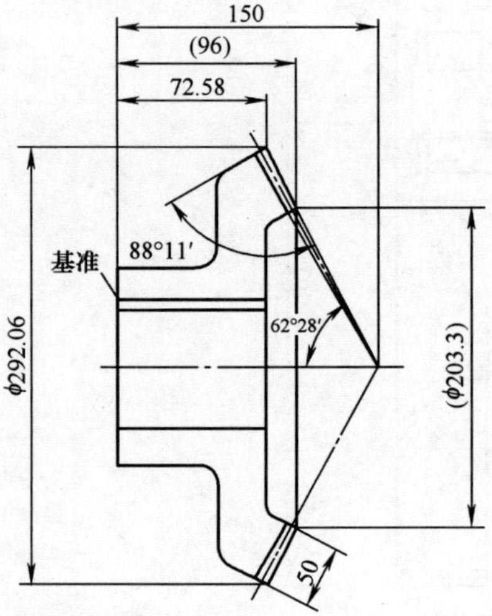

▲直齿锥齿轮（端面图）

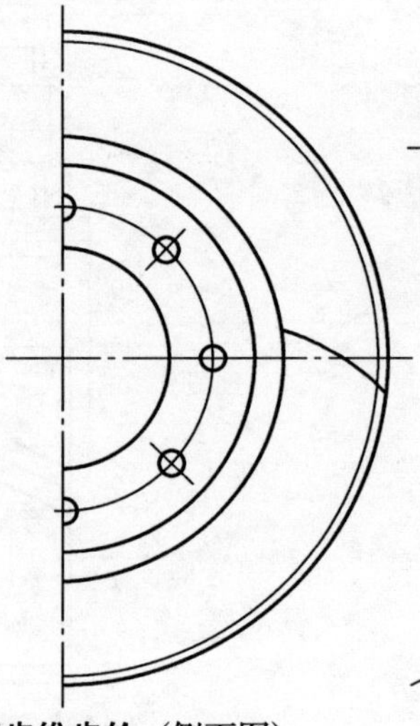
▲弧齿锥齿轮（侧面图）

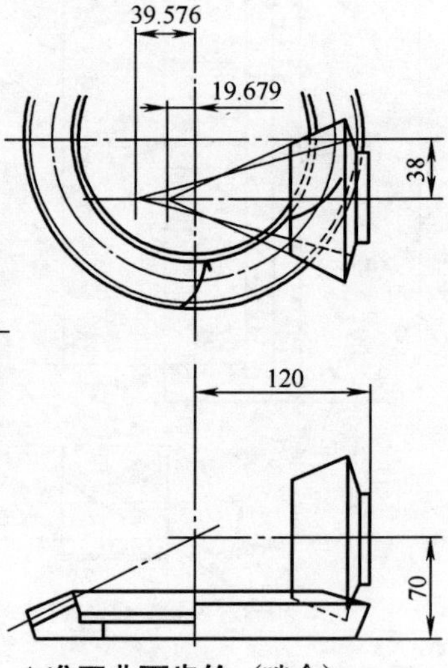

▲准双曲面齿轮（啮合）

蜗杆、蜗轮、交错轴斜齿轮

蜗杆是螺纹状的零件，是利用车床加工而成的。因此，它用齿距的表示。用铣床或蜗杆切齿机加工时，蜗杆齿的螺旋角度要与刀具轴倾斜角度一致，所以图中应标明这个角度。这个角度就是“导程角”。它与斜齿轮的螺旋角是补角关系。要明白这个概念，就要好好研究一下轴向。

蜗轮的分度圆，是以齿的弯曲的中央部分为基准。这与蜗杆的分度圆是一致的。

原则上，蜗轮的齿根圆在侧面图上是省略的。

蜗轮与配对蜗杆是组合成一副的，因此在蜗轮的项目参数表里，也设置了配对蜗杆的项目。

交错轴斜齿轮的图样，与斜齿轮是相同的。但是因为它的轴不相交，而成直角，所以图示上增加了这个项目。而且交错轴斜齿轮也和锥齿轮、蜗轮一样，在参数表中设置了配对齿轮的项目。

蜗杆参数表 （单位：mm）

蜗杆				
*齿廓标准断面	法向	齿厚	弦齿厚（法向）	$12.57_{-0.28}^{-0.14}$ （齿高=　）
模数	8			
齿距	25.240			
*头数	1头		滚柱尺寸	（滚柱直径=　）
*方向	右	精加工方法		螺纹铣切削
*压力角	20°	精度		级
*分度圆直径	87.00	备注	侧隙（配对齿轮分度圆周方向） 0.28~0.56	
导程	25.24			
导程角	5°16′34″			
齿高	18.00			

蜗轮参数表 （单位：mm）

蜗轮					
*齿廓标准断面		法向	全齿高		18.00
模数		8	齿厚	弦齿厚（法向）	$12.56_{-0.28}^{-0.14}$ （齿高=8.09）
*齿距		25.240			
*压力角		20°			
*齿数		54	精加工方法		螺旋铣
*分度圆直径		433.84	精度		级
配对蜗杆	头数	1头	备注	侧隙（分度圆方向） 0.28~0.56	
	方向	右			
	分度圆直径	87			
	轴向齿距	25.240			
	导程角	5°16′34″			

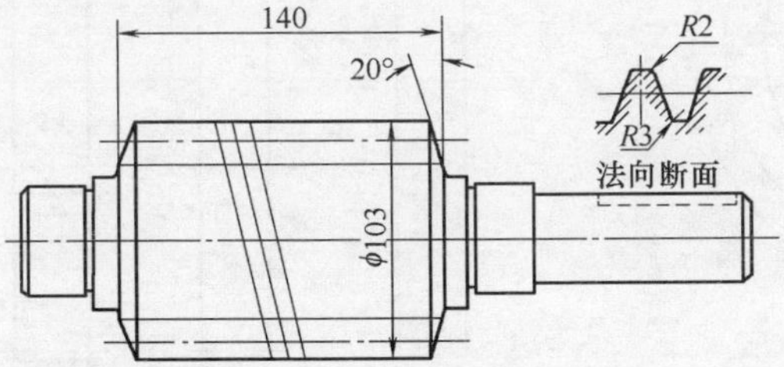

▲蜗杆

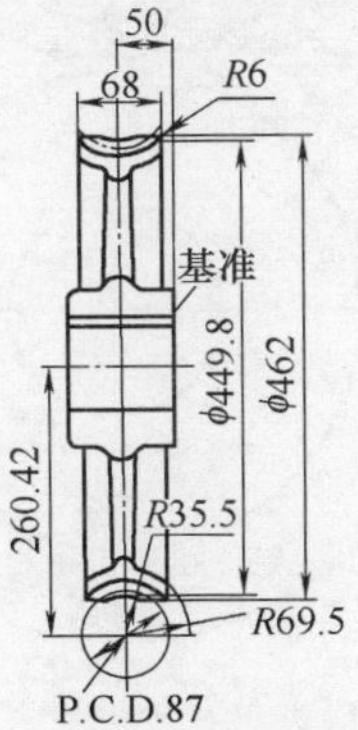

▲蜗轮（端面图）

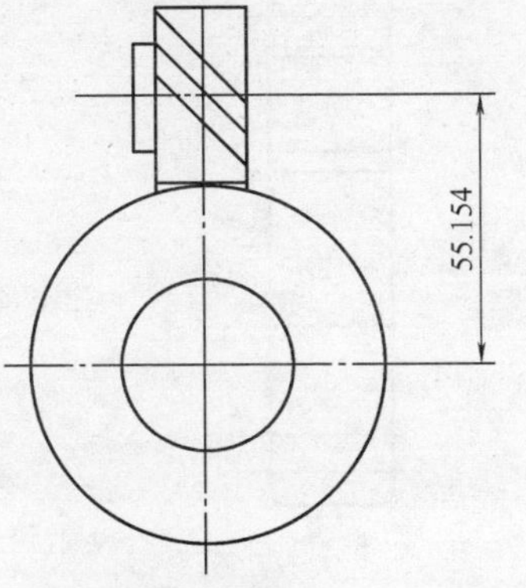

▲交错轴斜齿轮副

啮合①

啮合的一副齿轮，如**图 1** 所示。这个例子是用剖视图表示端面图。在这种情况下，啮合的两个齿轮中，一侧（比如大齿轮）的齿顶圆用粗实线来表示，配对齿轮（比如小齿轮）的齿顶圆则用虚线表示。

侧面图上，两侧的齿顶圆都用粗实线来表示。这两侧的齿顶圆一定要重叠。

齿顶圆的图线，一旦应用一般的机械制图上“粗实线是轮廓线”的概念那就大错特错了。

因为如果这样理解，就无法读懂这个示例左侧的端面图的图样了。只有齿轮处于啮合

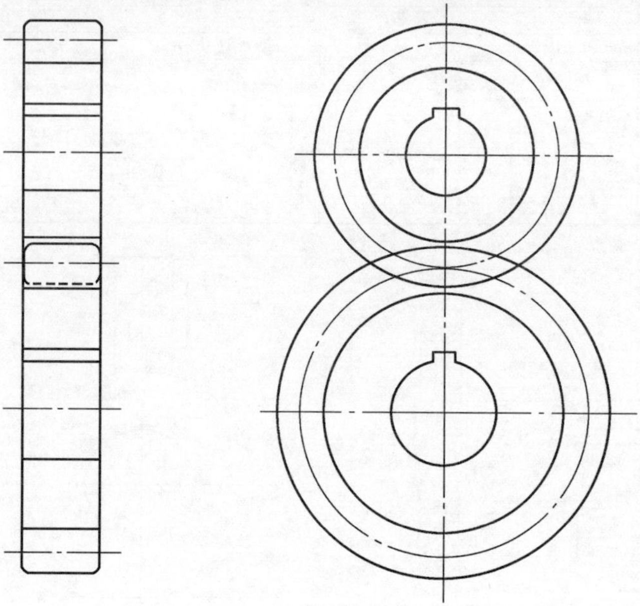

图 1　啮合的一副齿轮

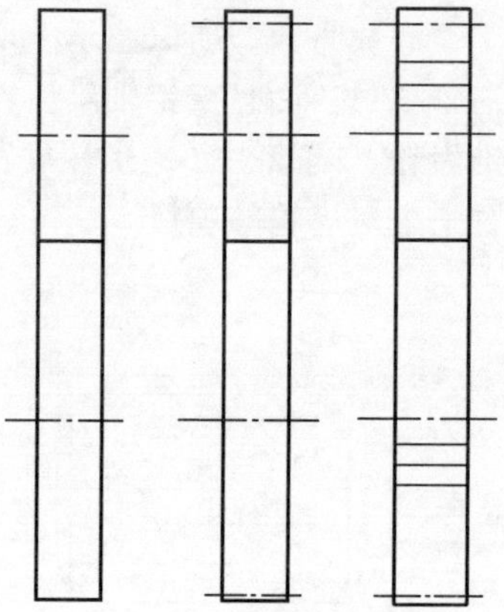

图 2　啮合齿轮

的状态，才能明白这一点。

齿数是偶数，还是奇数，这与端面图的剖视图是没有关系的，只要能在图样上读到齿顶圆、分度圆、齿根圆、中心线、轴孔、键槽等内容就可以了。

啮合齿轮端面图的省略图如**图 2** 所示。在这种省略图上，应能区分圆柱齿轮、斜齿轮、人字齿轮，齿线用三根细实线来表示。

在不需要注明是圆柱齿轮的时候，表示齿线的实线也可以省略。甚至有时表示分度圆的点画线也可以省略。

要表示一个机械设备里一个啮合的齿轮系，可采用如**图 3** 那样的省略图画法。其右侧的图仅仅表示位置关系，以及每个齿轮的分度圆。

其端面图如左侧的图示那样，轴间距离不变，统一将其延伸，啮合部分的分度圆省略并用实线表示，仅在还没有啮合的部分的一侧，标出分度圆。

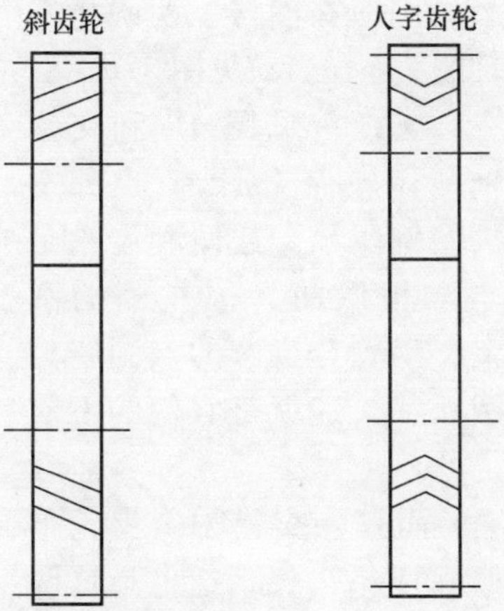

端面图的省略图

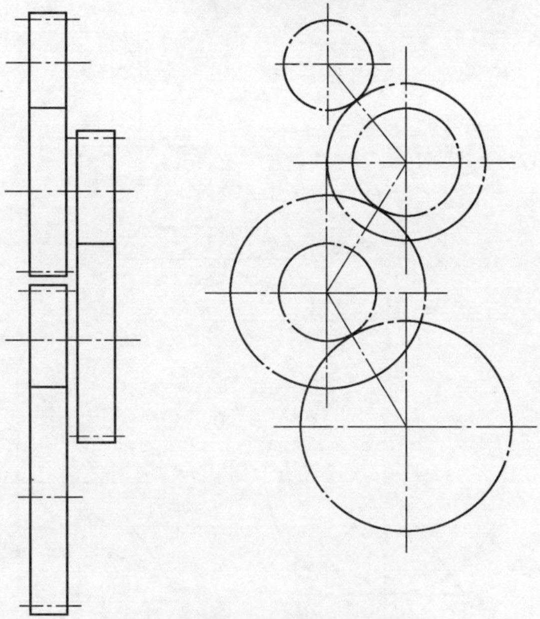

图 3　圆柱齿轮系的省略图

啮合②

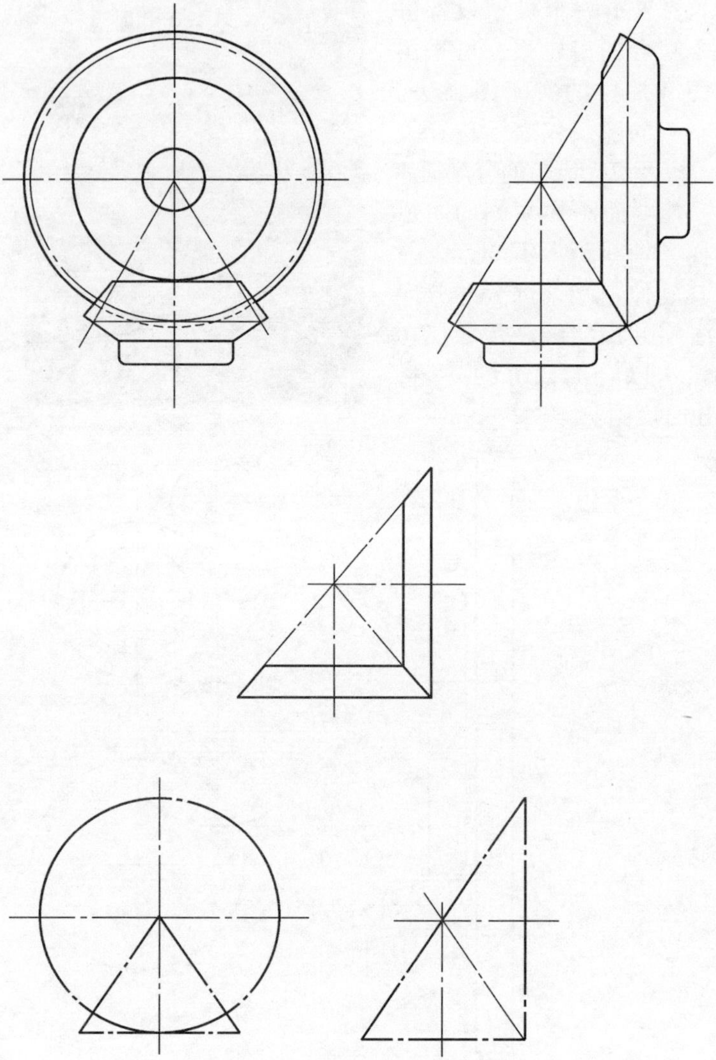

图 1 直齿锥齿轮啮合的省略图

关于轴不平行的齿轮，应清楚轴的关系。

锥齿轮，以轴平行的零件为标准，如本页图形所示。对于啮合齿轮而言，表示单个齿轮图形的尺寸是没有问题的，比标注尺寸更为重要的是要在图样上表示轴、分度圆的关系。

图 1 是直齿锥齿轮的三种省略图画法。其中最简单的画图方式，是仅用圆形和三角形表示。

而弧齿锥齿轮，则是在图样上画出表示弧齿的齿线的实线（见**图 2**）。准双曲面齿轮则应在图样上明确指出轴的关系位置（见**图 3**）。

蜗杆（见**图 4**）和交错轴斜齿轮（见**图 5**）也如本页图例所示。这两种齿轮是非常相似的，但左侧的图上，蜗轮分度圆的点画线为圆弧状，这就是它们的不同之处。

而且，交错轴斜齿轮不像蜗杆那么长，这也是这两者之间的根本区别。

轴不平行

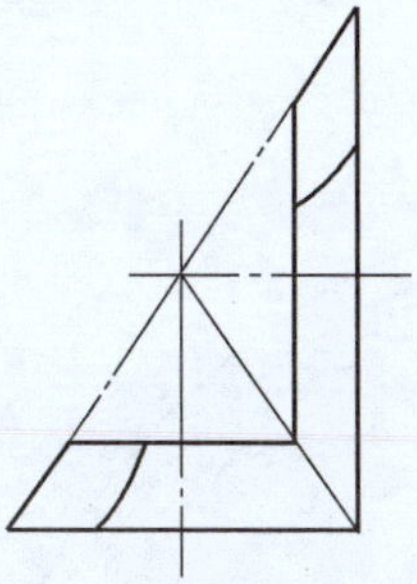

图 2　弧齿锥齿轮啮合

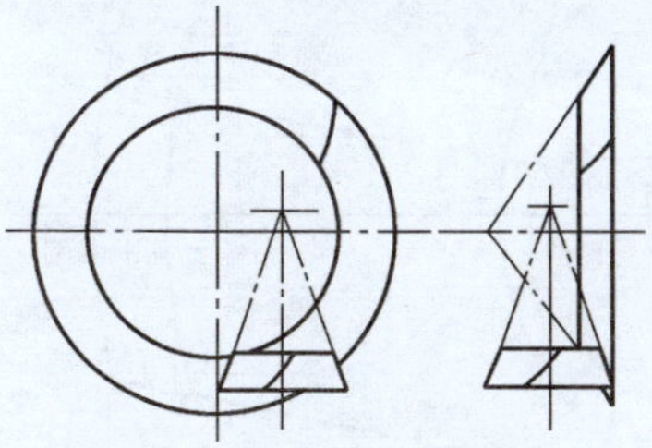

图 3　准双曲面齿轮啮合

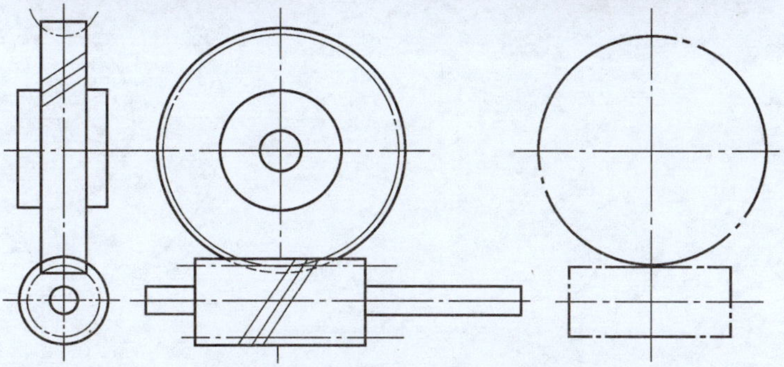

图 4　蜗杆和蜗轮啮合的省略图

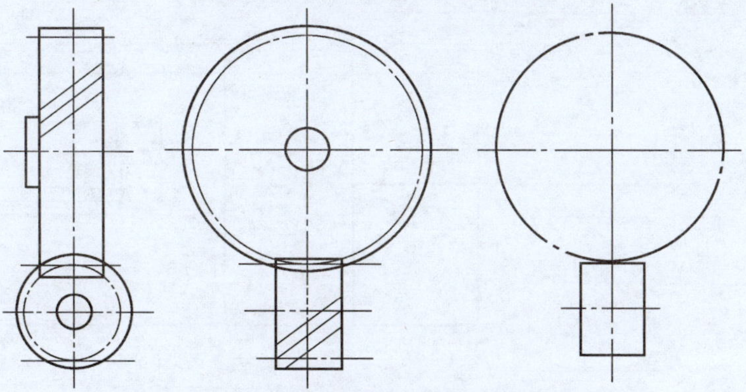

图 5　交错轴斜齿轮啮合的省略图

齿的位置

对于可回转的齿轮，因为没有边端，所以齿的位置没有问题。但是，类似于扇形齿轮（见**图 1**）、齿条（见**图 2**）那样，只在圆周的一部分上有齿，也就必定有边端。

这时，应确定齿的位置。其图样的画法就如本页图例所示。

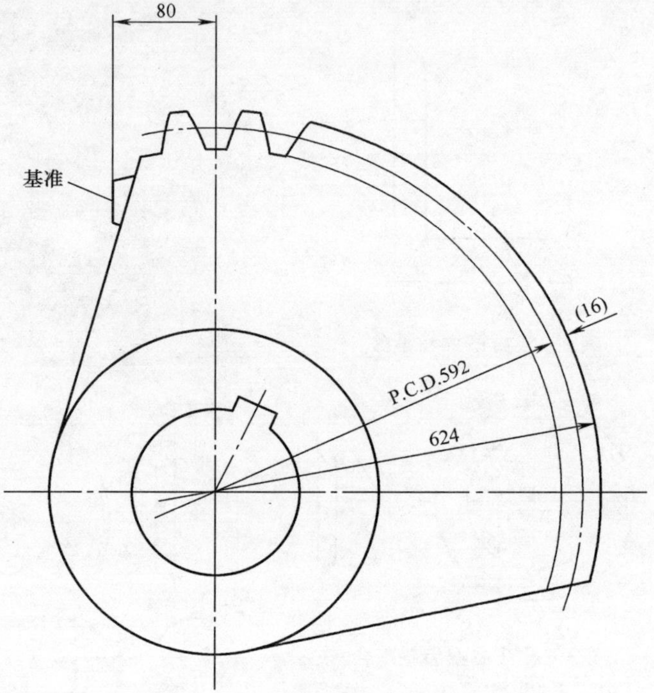

图 1　扇形齿轮（标注实例）

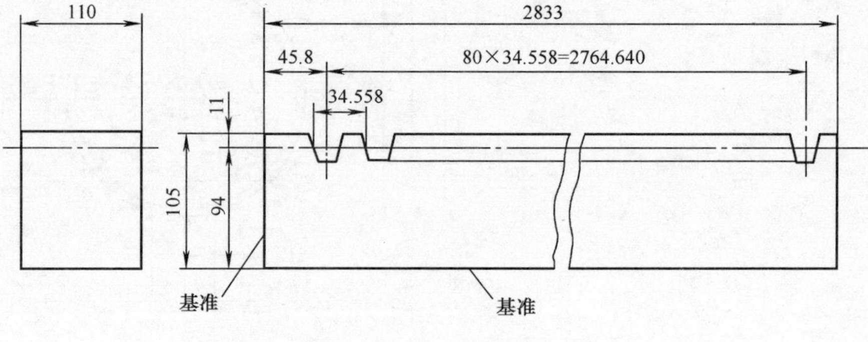

图 2　齿条（标注实例）

种类·用途

总之，根据齿轮的外观形状、轴的配置等方面，将其分为各种的不同种类。不同种类的齿轮也各有不同的用途。因此，应用这些齿轮的装置也有好多种。而且，应用特殊齿轮的装置也非常多。

齿轮的种类 1 圆柱齿轮

圆柱齿轮就是“分度面是圆柱形的齿轮”。它是一种在圆柱、圆筒的外周或内侧刻上齿的零件。

圆柱齿轮一般是在两平行轴之间传递旋转运动的一种零件。

●直齿轮

直齿轮是齿线在轴上为平行直线的圆柱齿轮。

它是一种很常见的齿轮。也可以说它是齿轮的代表。也称它为正齿轮（spurg ear）。

它有各种形状，其中也有与轴成一体的类型。

●斜齿轮

斜齿轮是“齿线是螺旋线的圆柱齿轮”。

▲啮合的圆柱齿轮的两轴是平行的

一般认为，它看起来像是将直齿轮的齿倾斜的零件。但准确地说，其定义应是：一种在圆柱外周刻有螺旋线状的零件，也可称它为螺旋形齿轮（herical gear）。

●人字齿轮

人字齿轮是“左右两个斜齿轮组合而成的零件”。

从正面（端面）方向看齿轮，齿轮的齿像山的形状。但是，从相反的一侧来看，就变为山的倒影状。英语称之为“double herical gear”。

●齿条

齿条是“在平板或直棒的一面，刻上等间距相同形状齿”的零件。

可以把它想象成圆柱齿轮的分度圆柱半径无限大的零件的一部分。它的齿线有直齿的、也有斜齿的。

与其啮合的小齿轮是普通的圆柱齿轮。

●内齿轮

内齿轮是“在圆柱或圆锥的内侧加工出齿的齿轮”。

因此，与此相反，普通的齿轮就是“外齿轮”。内齿轮的啮合对象，必定是外齿轮。如果它的配对件是内齿轮，那它们无论如何也是无法啮合的。而且，通常内齿轮是大齿轮，与之相啮合的外齿轮是小齿轮。

因为在圆锥内侧刻上齿的零件，所以它的配对齿轮也是锥齿轮，它们的两轴是不平行的。

▼▶ 直齿轮

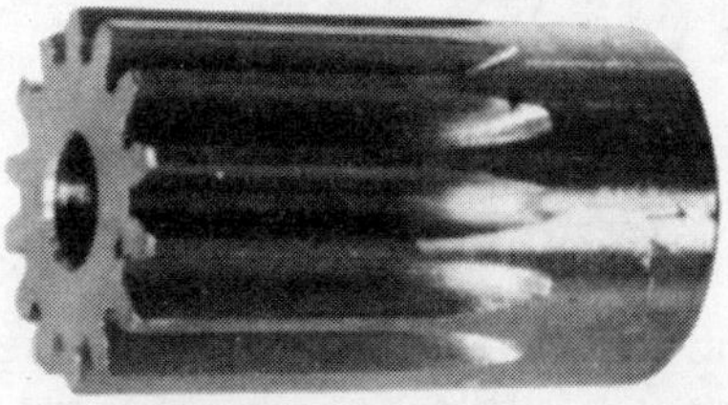

▲斜齿轮

▲人字齿轮

▲内齿轮

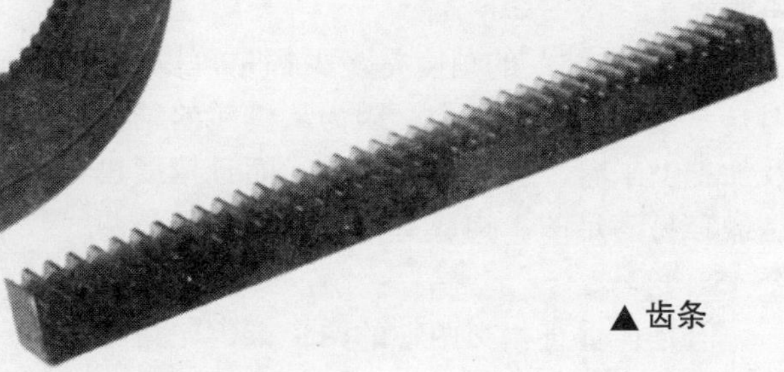

▲齿条

齿轮的种类 2 锥齿轮

▲锥齿轮的组合关系

●锥齿轮

锥齿轮是“在两相交轴之间传递运动的圆锥形齿轮”，也称之为伞齿轮（bevel gear）。它类似在雨伞顶部切削，是一种在外侧斜面刻上齿的零件。锥（bevel）有倾斜、斜面、斜角的含义。

“两相交轴”的角度是多少都是可以的，但是一般的是垂直相交。因为从机械的结构及加工上来看，直角是最好的，而且精度也是最容易满足的。构成直角也不限于只是两个 45° 角。

但是，垂直相交两轴的两个锥齿轮齿数相同时，这种 1 副两个的齿轮，单独称之为等径锥齿轮（miter gear）。miter 是动词，它在美式英语里的名词形态是 mitre，意思是“持续倾斜”。当两个齿轮的齿数相同时，分度面是 45° 。

锥齿轮根据不同的齿线方向，分为直齿锥齿轮、斜齿锥齿轮、弧齿锥齿轮。

直齿锥齿轮是：齿线方向与分度圆锥的母线方向一致的锥齿轮。其主要特征是齿廓是直的。

如同直齿轮与斜齿轮之间的关系那样，可以认为与直齿锥齿轮相对的，就是斜齿锥齿轮。

但是，JIS 中给出定义就要复杂多了。JIS 中的定义是：与这个啮合的冠轮的齿线是直线，不汇集到顶点的齿轮是斜齿锥齿轮。假定配对件是冠轮，那当然是可以依据这个假定规定配对件。但是，实际上，配对件并不仅仅只限于冠轮，配对件既有斜齿锥齿轮的时候，也有冠轮的时候。如果不对特殊情况

▲相同齿数（分度面 45° ）的特殊锥齿轮称为等径锥齿轮

进行规定，就没有其他的表述方法了。但是，即使冠轮的齿线是直线，斜齿锥齿轮的齿线却不是直线，但它的分度面是圆锥形，所以除了直齿以外，其齿线都不是直线。

弧齿锥齿轮的定义与斜齿锥齿轮相同，它也是将配对件设定为冠轮，所以弧齿锥齿轮是：与这个啮合的冠轮的齿线是曲线的锥齿轮。尽管斜齿锥齿轮的齿线实际上是曲线，可肉眼看起来却像直线，而弧齿锥齿轮则不同，它的齿线即使是用肉眼看，也可以看出是弯曲的。

在弧齿锥齿轮中，齿线的“螺旋角是0°”的一对齿轮单独称为“零度弧齿锥齿轮”。因为一般的弧齿锥齿轮，不仅仅齿线是弯曲的，而且都有螺旋角。

锥齿轮是在分度圆锥上切齿的零件，所以它的齿顶和齿根都是圆锥形的。因此，一般的锥齿轮的齿高是靠近圆锥顶部的方向，逐渐降低。与此相对，也有无论是外侧还是内侧齿高都相同的等高齿的锥齿轮。锥齿轮的优点是齿很结实，测量也很方便。

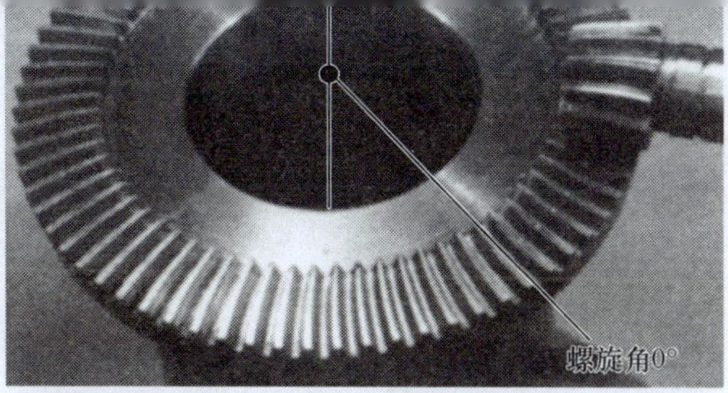

▲螺旋角为0°的零度弧齿锥齿轮

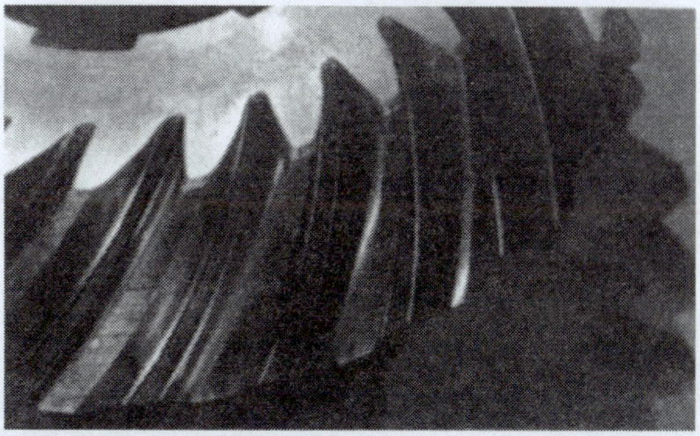
▲等高弧齿锥齿轮的齿廓

●斜交锥齿轮

斜交锥齿轮，是在不垂直相交的两轴间传递运动的一对锥齿轮。所谓“不垂直……”，就是既有比直角大的角，也有比直角小的角。而且这里有一个容易混淆的概念，那就是相对于锥齿轮是每一个的齿轮而言，在斜交齿轮的定义里“一副锥齿轮”的“一副”这个用词，即它包括了一副两个齿轮。因为仅仅只是一个齿轮，其轴和配对齿轮的轴之间的角度（也许是斜交）是无法知道的。

●冠轮

冠轮是英文 crown gear 的直译。它是“分度面为平面的锥齿轮”。也可说是沿一般锥齿轮的“圆锥形”，从顶点挤压而成的齿轮。

▲直齿锥齿轮

▲斜齿锥齿轮

▲弧齿锥齿轮

齿轮的种类 3 交错轴齿轮

交错轴是不相交且不平行的两轴间传递运动的齿轮总称。两轴平行时是圆柱齿轮，两轴相交的时是锥齿轮。如果以上两者都不是，就是交错轴。

●交错轴斜齿轮副

交错轴斜齿轮副是“在交错轴之间传递运动的圆柱齿轮副”。可以认为它是将圆柱齿轮的两平行轴扭转成不再平行的齿轮。所以，其中一侧单个的就是本书第 70 页提到的圆柱齿轮。

●准双曲面齿轮副

准双曲面齿轮副是“在交错轴之间传递运动的圆锥状的一个齿轮副”。感觉上，它是“两轴不相交状态的锥齿轮”。从形状上来看，它是圆锥形的齿轮。

准双曲面齿轮的两轴交错距离大的齿轮，称为“偏轴弧齿冠轮（平面齿轮）”。

▲交错轴斜齿轮副

●蜗杆副

蜗杆副是“蜗杆及与其啮合的蜗轮组合而成的齿轮副的总称”。

可以把它看成是类似交错轴斜齿轮副的小齿轮，将其中一方用力扭转而成的零件。

▲准双曲面齿轮副

▲偏轴弧齿冠轮（平面齿轮）

要将某一方用力地扭转，小齿轮就会变得像螺纹。其他的齿轮是滚动接触，而它是滑动接触。因为是螺纹（状的零件）零件，必然也是螺旋旋转。

对于其他的齿轮（副），即使主动齿轮、从动齿轮反向，也能旋转。也就是说，一个齿轮副，无论把哪一方作为主动齿轮，都能旋转。但是，只有这个蜗杆副，仅仅蜗杆才能起到主动作用，蜗轮是不会主动转动的。

▲蜗杆与蜗轮

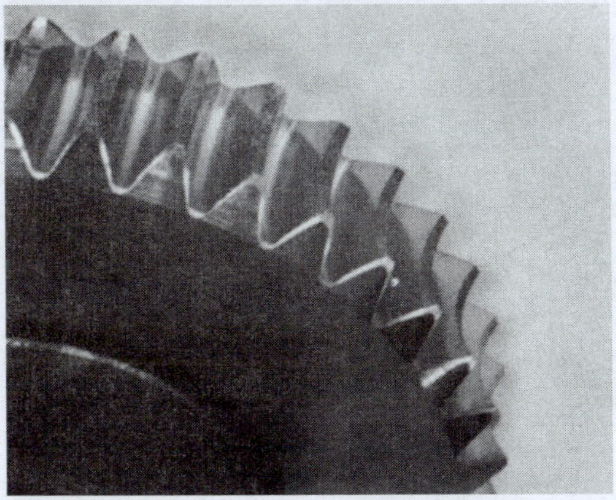
▲蜗轮的齿

它们的两轴大致垂直。

●**蜗杆**

蜗杆的定义是：具有一个或一个以上的齿数的螺旋状齿轮。

Worm 的原意是“虫子”、“没有脚的虫子”的意思。也许蜗杆的名称就是由这种虫子的外形而来吧。为了能更多的与蜗轮啮合，有时也把蜗杆制成与蜗轮外周弧相吻合的“鼓形蜗杆”。

●**蜗轮**

JIS 中的说明是：蜗轮是与蜗杆啮合的齿轮。但是这个说明并没有说清楚。它没有说明齿轮的原理，只有看了照片或实物才能真正了解它。蜗轮的齿也与其他的齿轮完全不同。

●**冠轮**

冠轮是可与直齿轮或斜齿轮啮合的圆盘状的齿轮副，或者仅是圆盘状的齿轮副。冠轮有两轴相交的，也有两轴交错的，但是轴与轴之间的角一般是直角。

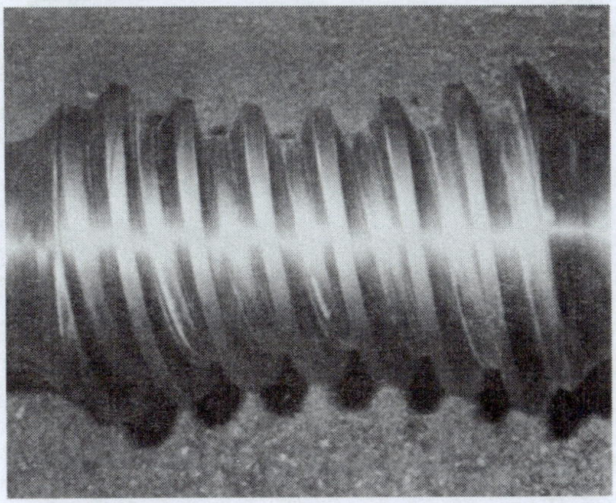
▲鼓形蜗杆

力的传递和运动的传递

齿轮是从一个轴向另一个轴传递旋转运动的零件。所谓传递旋转运动，根据这个传递的内容，可以分为大的两个部分。虽说根据传递的内容分为两种，但是它不仅仅是单纯的传递旋转运动，而是旋转速度的变换——即变速。

第 1 个内容是“力”的传递。这里并不是不管什么旋转都可以，这种旋转必须能传递足够大的力。它是在动力机——电动机之间通过旋转运动传递力。因此，如果要将 5PS[⊖]的力传递给绞车，那么齿轮的强度必须能承受这个力。

为了达到这个目的，齿轮整体的大小（各部位的尺寸）必须满足一定的条件，特别齿的大小（模数，见第 34 页）是非常重要的。不用说，与齿轮相关的，如轴的粗细、轮毂大小、键等部分也都必须与传递力的大小相适应。

可传递的力最大的机械，也许是大型邮轮蒸汽涡轮机用的减速齿轮装置吧。它正如本页左下角的照片所示，为输出功率 40000PS 的减速装置。在前面中央是高压涡轮机的高速的输入轴，对面同样有低压涡轮机的低速输入轴，两侧的大齿轮上装着对应各输入轴的小齿轮，在这个轴上还装有各种各样的小齿轮，4 个小

▲用来传递力的减速装置

▲可传递运动的指示表

⊖ 此为米制马力，单位为 PS。1PS=0.735kW，马力在中国法定计量单位中已废除。——译者注

齿轮像双手合抱一样，与三角形构架中的大齿轮相啮合。相对于高速侧和低速侧的各输入轴的旋转速度，使各减速比统一调节。

还有一个传递的内容是：“运动”的传递。所谓运动的传递，并不是说力是为0，但是在这种传递中，力的大小不是主要问题，而是将旋转运动的全部（1转以上）或其中一部分（1转以下，1齿以下）正确地传递。所以关键是角速度（见第24页）。

例如指示表，它是将测头的直线往返运动，通过齿条→第1小齿轮变为旋转运动，然后通过第1小齿轮和同轴的大齿轮→第2小齿轮将运动放大，运动值=角速度，再将这个角速度用指针表示出来。如果指针不能通过指示表的刻度，正确地指示出测头移动量的比例，也就起不到测量仪器的作用。这个指示并不是旋转一周根据传动比就可以确定了。所谓0.01mm是最初的齿条和小齿轮之间，不到旋转一个齿的几分之几。

在这种情况下，使齿轮旋转的力的大小一般没有影响。但如力过大，反而会使测量结果变得不正确。一个小的力就会使齿轮变形，但如果齿轮不够小，就无法装入特定的测量仪器内部。

钟表也是传递的力特别小的一种机械。秒针、分针、时针，甚至日期、星期都是通过传递运动来转动。

但是，一般使用齿轮的地方，像这样只是单纯包含一种内容的传递很少。不管传递多大的力，在高速旋转的时候，如果不能正确地传递角速度，就会产生振动、异响。所以，在使用齿轮的地方，一般都包含了这两种内容的传递。

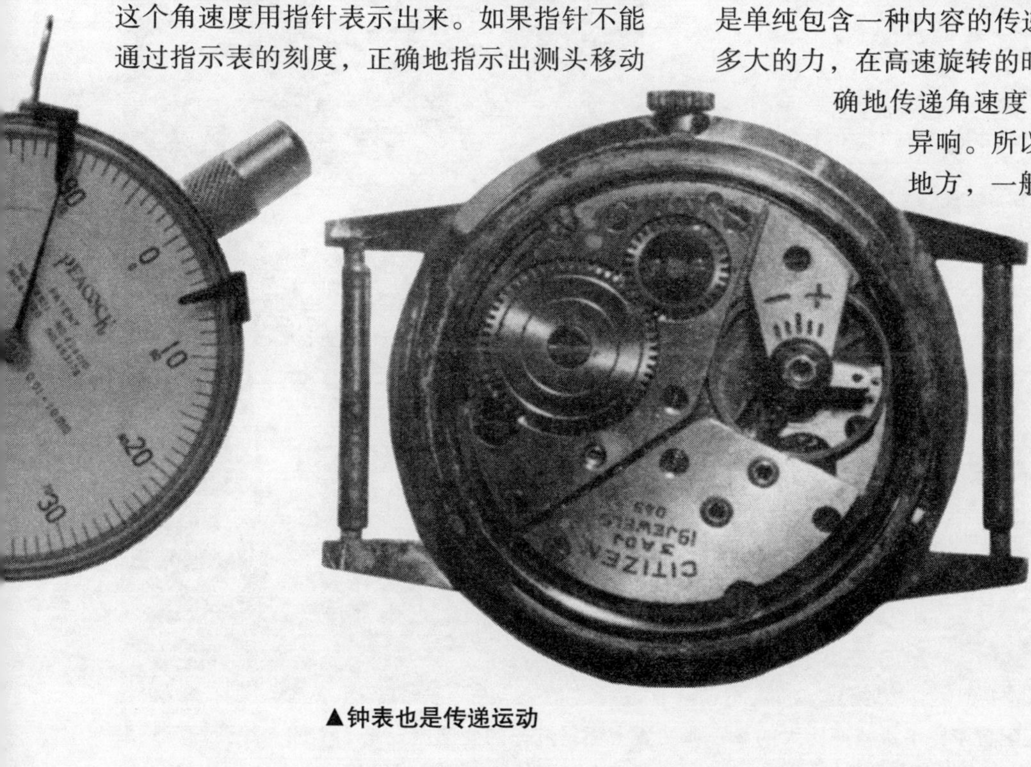

▲钟表也是传递运动

旋转的减速和加速

动力机大部分是高速旋转。如电动机、蒸汽涡轮机、内燃机等，像那种直接使用旋转速度的机械基本上是没有的。大部分会使用经减速动力机减速后的旋转。

这样一来，减速旋转在齿轮的用途上就占了很大的部分。只要说起减速，就是平时指的减少旋转速度。

减速的原则是很简单的。只要主动齿轮使用齿数较少的齿轮，从动齿轮使用齿数较多的齿轮，就可以了。

这样齿数比成反比，就能减速。

主动齿轮的齿数	从动齿轮的齿数	减速比
20	100	5 : 1
100	120	6 : 5

那么，只要齿数比的反比即减速比大小，

减速

▲上面是在轴平面上配置了比 1 级减速比大的 2 级减速装置，用于巨型邮轮的涡轮机

▲上面是汽车的变速器，是 2×2 的 4 级变速减速装置。上面照片中右侧是发动机

是无论多少都可以吗？其实并不是这样的，它们最大约是 10∶1。

而另一方面，对于加速，当然就是将主动齿轮和从动齿轮的齿数关系变为与减速的齿数关系相反就可以了。但实际上，为了加快动力机的旋转，并不是单纯依靠加速。一旦变为高速旋转，不仅是齿轮，如果轴、轴承的相关尺寸、平衡等方面达不到高精度，就会出现振动、异响等各种各样的问题。因此，一般用在大载荷上的情况较少，使用带传动、高频电动机的直接驱动的情况比较多。

通过齿轮来加速，都会加大齿轮的载荷。而且大型机械高速运转，离心率会变大。因此，在结构上，不仅仅要承受这个力，还要在高速运转齿轮的齿进行啮合时添加润滑剂都是非常困难的。现在有个实例，在美国有种传递功率 25000PS，线速度约 300m/s 的人字齿轮，而在离心分离机上，它的线速度是 205m/s、转速为 80000r/min、传递功率 354PS。

而作为特殊情况，照相机的镜头快门在 1s 以下非常短的时间内，载荷很小，但是却能分成 4 级达到 200 倍的加速，在这个加速的部分装上制动器，就可以调节时间。

▲5400kW 离心式风机用的加速齿轮装置

▲装在照相机镜头快门上的 4 级加速齿轮装置，在快门运动处装有制动器

●旋转轴方向的变换

再回顾一下本书第 72 页 ~ 第 74 页的内容，就应该能明白这个原理了。使用某个齿轮时轴的方向都能向任意方向自由地变换。但是，虽说是可以自由地变换，但角度大致都是直角。所以不管是机床还是测量仪器，都是按这个原理制作而成的。

▲边减速、边变换旋转轴的方向

以机床为例，对于车床，一般大部分都是平行轴。但只有在往复工作台的护板内部，护板与横向传送的机械为直角。最复杂的设备应该是滚齿机，因为它的内部构造无法看见，所以只能根据系统图来想象了。

在这里，一般不用锥齿轮来减速。因为各种条件都成立，在锥齿轮里好像以等径锥齿轮居多。

而只有准双曲面齿轮、蜗轮，才能进行减速。

▲锥齿轮也可以改变旋转轴的方向

●旋转运动与直线

这一小节讲的是小齿轮和齿条。通常来说，一般是小齿轮旋转。而且，根据不同的直线运动，有两种结构。

其中一种结构是：固定齿条，随着小齿轮的旋转，安装小齿轮的一侧做直线运动。它的代表实例是车床的往复工作台。

或是与之相反：固定小齿轮，而与之啮合的齿条做直线运动。这样的例子有好几个。旧式的刨床（平面）的往复工作台就是这样的，照相机的可升降三脚架也是这样的。

▲齿条固定→小齿轮旋转移动

动的变换

运动的变换

▲小齿轮旋转→齿条移动

还有一种结构是将齿条的直线运动变为小齿轮的旋转运动。指示表就采用这种结构。

齿条移动→小齿轮旋转

●旋转方向的变换

一副两个齿轮啮合时，其旋转方向是相反的。因此，在设计装配齿轮的机械时，当然是要考虑其旋转方向。

而且有时也会想让同一个设备里的轴既能正转又能反转。在这种情况下，只要将一个齿轮装入两轴中间就能做到。不管这个齿轮的齿数是多少，其结果都应该是相同的。

其应用实例的代表是车床的进给手柄，它是丝杠的驱动装置，用于正进给、反进给的切换及右螺纹、左螺纹的切换。

如果相对于主动齿轮，使从动齿轮在与之相反的位置啮合，这个从动齿轮的旋转方向与主动齿轮是相反的。因此，让从动齿轮在主动齿轮的两侧啮合，再用离合器牵引或是在两侧的从动齿轮中间安装一个齿轮来进行牵引。这种方式主要使用在铣床的键、导轨、工作台的传送装置上。

▲使用中间齿轮，使输入输出力都相同

▲车床的正反交换齿轮

齿轮减速装置

▲输出、输入力在同一轴上的 2 级减速器。右侧的电动机是输入轴。因轴间距离受到制约，所以设计的难度很高

为了将某个动力机的速度减到需要的转速，有多种方法。但是，同时要能承受大的载荷、传动比精确且效率很高，那就必须要用齿轮来减速。

齿轮减速装置，根据不同的减速比有很多种。在这里先分析由圆柱齿轮组合而成的平行轴齿轮减速器。

要加大减速比时，这个减速就有 2 级、3 级组合。比如说 5：1 是 2 级，减速比就是 5×5=25，即 25：1；或者是 1/5×1/5=1/25。基本上，这里所说的 2 级是 50：1 左右，而 3 级则是 400：1 左右。

在这个 2 级或 3 级的组合里，各级减速比的分配比也有很多种。第 2 级和第 3 级的规定值是在 4～7，其他的就在第 1 级产生变化。

使这种 2 级、3 级的减速齿轮共用一个壳体，制作成齿轮减速器。它的各种轴的配置方法也有很多种。有安装面积小的时候的配置、整体容积小的时候的配置、输入轴和输出轴在同一线上的时候的配置、方便加工、组装的配置等。所以说，它根据使用场合、价格等的不同，而有所不同。

此外，因为这种齿轮减速器，第 2 级的输入力用第 1 级来减速，变为低速，所以输入轴的力矩就会变大。因此，第 2 级上的轴、齿轮的强度必须加大。

如果看到实物，这种轴的配置、壳体、轴的大小等关系就会一目了然。

还有一个参数是从外形上无法确认的，那就是齿轮的硬度。在一副齿轮里，小齿轮与大齿轮的齿相同，只是大齿轮的齿数多一

▲1 级减速器

▶ 右侧照片中间是输出轴的 3 级减速器。大的输出力由两侧输入，以保持平衡

些，且小齿轮能充分与配对齿轮的齿相接触。

例如要做到 3∶1 的减速，输入力一侧小齿轮是 20 齿，输出力一侧的大齿轮是 60 齿。大齿轮旋转 1 周时，小齿轮应旋转 3 周，小齿轮的齿的转动周数是大齿轮的 3 倍。所以，如果大、小两个的齿轮硬度相同，那么小齿轮就会比大齿轮损坏得更快。一方总是很快就损坏，另一方则总是保持较新的状态，小齿轮与磨损到某种程度的大齿轮之间的配合也会变差，相反的也会缩短大齿轮的使用寿命。因此，最好使两方的齿轮使用寿命一致。要做到这一点，小齿轮的硬度必须大于大齿轮。

如果是 4∶1 的减速，就要选择如 20∶80 那样整数倍的（这是理所当然的）齿数。这样，曾啮合的轮齿，经常是每隔 4 处会在同一个地方啮合。当某一个齿出现问题时，其影响将在相同的地方集中体现。

所以，减速比必须十分精确，或者可以使用其他部分来修正。比如，当大齿轮的齿数是 79 或 81 时，大齿轮每旋转一周，每一个齿就逐渐偏移一些，啮合处就能均一地分散到整个齿轮。

▲2 级减速器

▲3 级减速器。前面的是输入轴，输出轴粗，且齿宽大

行星齿轮装置

地球在自转的同时，还围绕着太阳转动（公转），在这种情况下，地球也称为“行星”。宇宙中除了地球以外，还有无数颗行星。

把这种像太阳和行星的关系一样旋转的齿轮装置，称为“行星齿轮装置”。JIS 中描述到：它是一对互相啮合的齿轮，两个齿轮在各自旋转的同时，一方的齿轮还以另一方齿轮的轴为中心进行公转的装置。因此，“围绕中心轴公转的齿轮”称为“行星齿轮”，而“以之为中心轴的外齿轮”则称为“太阳轮”。

在行星齿轮装置里，支持着行星齿轮并使之以太阳轮的轴为中心进行旋转的“行星架—支座”是一个非常重要的部分。行星齿轮装置由太阳轮Ⅰ、行星齿轮Ⅱ、行星架Ⅲ这三个要素组成。

行星齿轮装置三要素的传动比，有相当复杂的关系。一般齿轮传动比是行星架传动的和或者是差（根据行星架的旋转方向而定）。

准备两个周边有锯齿且带中心孔的 50 元（日元）硬币，如右侧照片中那样给它们安上一个行星架，并且使其中一个硬币沿另一个硬币的周围滚动。50 元字样朝上的一方运动稍有阻碍，但锯齿且带孔的一方要容易操作些。现在来研究研究这个实验装置。

首先，将一方的 50 元硬币当做太阳轮Ⅰ，将另一方的 50 元硬币当做行星齿轮Ⅱ，并把行星架Ⅲ和行星齿轮Ⅱ看做一个整体。一旦将行星架Ⅲ以太阳轮Ⅰ的轴为中心，向右（顺时针方向·+）旋转 n，Ⅰ和Ⅱ也将向同一个方向旋转 n。看了这个结果，就会明白，即使齿轮本身不旋转，只要行星架Ⅲ旋转，齿轮（Ⅰ和Ⅱ）也同样会旋转，这与自转的结果相同。因此，可以说Ⅰ=$+n$ 旋转，Ⅱ=$+n$ 旋转，Ⅲ=$+n$ 旋转。

接下来，固定行星架Ⅲ，将行星齿轮Ⅱ向左（逆时针方向·–）旋转 n。因为行星齿轮Ⅱ是固定在行星架Ⅲ上的，实际上无法旋转，只是假定它又旋转回到了原来的位置。这样一来，行星齿轮Ⅱ和太阳轮Ⅰ就在 50 元硬币的锯齿状处啮合，太阳轮Ⅰ向相反的方向，即 +·正时针方向旋转。因此，这个传动比就是两方的齿数比。即

Ⅱ=$-n$ 旋转

$$\text{I} = (-n)\times(-1)\times\frac{\text{II}}{\text{I}}$$

Ⅲ=0

将这两方的条件相加

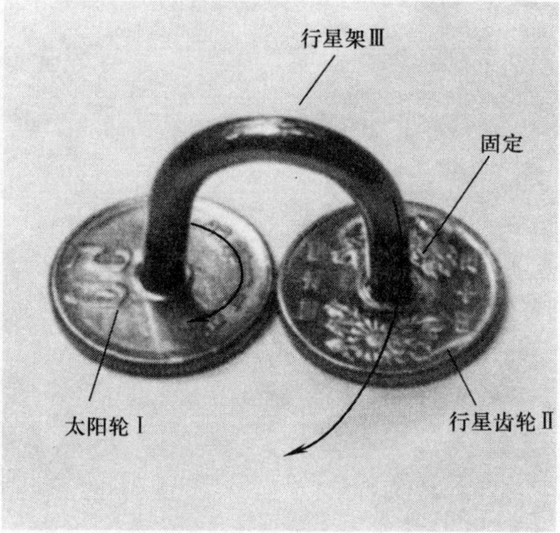

▲用 50 元硬币做的简单试验

	Ⅰ	Ⅱ	Ⅲ
将Ⅰ、Ⅱ、Ⅲ看作一体	$+n$	$+n$	$+n$
固定Ⅲ，则	$(-n)\times(-1)\times\frac{Ⅱ}{Ⅰ}$	$-n$	0
	$n+\left(n\times\frac{Ⅱ}{Ⅰ}\right)$	0	$+n$
	$=$		
	$n\left(1+\frac{Ⅱ}{Ⅰ}\right)$		

最初的 n，即行星架旋转 1 周，因为双方的齿数（50 元硬币的锯齿）相同，所以太阳轮会旋转 2 周。

实际上，真正的行星齿轮装置除了这三个要素以外，还在外侧设有一个与行星齿轮啮合的内齿轮Ⅳ。通过这四个要素使行星齿轮装置旋转。因此，各要素的传动比的计算方法，也就更加复杂化了。Ⅰ、Ⅱ的齿数相同，Ⅳ的齿数为 3 时，在这四个要素里，向Ⅰ输入力，使之旋转 n，四个要素间的传动比如下所示。

	Ⅰ	Ⅱ	Ⅲ	Ⅳ
将四个要素看作一个整体	n	n	n	n
固定行星架Ⅲ，则	n	$-\frac{Ⅱn}{Ⅰ}$	0	$\frac{Ⅱn}{Ⅳ}$
	$2n$	$n-\frac{Ⅱn}{Ⅰ}$	n	$n+\frac{Ⅱn}{Ⅳ}$
		$=$		$=$
	$2n$	$n\left(1-\frac{Ⅱ}{Ⅰ}\right)$	n	$n\left(1+\frac{Ⅱn}{Ⅳ}\right)$

在这种情况下，Ⅱ的旋转数没有意义。因为很难从Ⅱ输出力。与输入力轴同一轴心的是Ⅲ或者Ⅳ。从哪里输入力，从哪里输出力，甚至是否要固定一个除了输入、输出轴以外的调整要素等，都会影响到传动比的变化。

再来说说 50 元硬币的转动好了。假如在硬币外侧再设一个环，Ⅰ：Ⅱ是 1：1，但是

▲固定Ⅳ的内齿轮，从Ⅰ输入，从Ⅲ输出

▲锥齿轮的行星齿轮装置

外侧的环（内齿轮）就变成了 3。它们的传动比也就如下所示。

输入力	固定	输出力	输出力 / 输入力
Ⅰ	Ⅳ	Ⅲ	1/4
Ⅰ	Ⅲ	Ⅳ	1/3
Ⅳ	Ⅰ	Ⅲ	3/4
Ⅲ	Ⅰ	Ⅳ	4/3
Ⅲ	Ⅳ	Ⅰ	4
Ⅳ	Ⅲ	Ⅰ	3

只要根据上述传动比，再填入各齿数就可以了。

行星齿轮装置的应用

①
② ③
④

照片①~④是汽车变速器的一个实例。④是它的原理模型。在这个变速器里，行星齿轮装置有前后两组。前后的太阳轮Ⅰ是联机的。前面的太阳轮Ⅰ将从发动机导出的输入力，导入到前面的内齿轮Ⅶ里，并利用液压的方式操作中间的行星架Ⅲ，固定内齿轮Ⅶ的离合器和制动器。输入轴在哪里，在哪里固定，根据前进3级的变速和后退、前进Ⅰ速度（规律），发动机制动器的制动使用状态分为五种。输出力是后面的内齿轮Ⅵ（见第84页）。

行星齿轮装置在第 84 页上所描述的 50 元硬币的试验，是用于增速的。但是，它使用在减速器上，也是非常合适的。

行星齿轮减速器有以下几个优点：

① 比一般外接型的减速器容量小、重量轻。

② 输入轴和输出轴可以放置在同一轴上。

③ 能够得到大的减速比。

④ 行星齿轮 2 个以上时，相同容积不变，相当于 1 个齿轮的载荷不变，传递动力可以大很多。因为承受力度最大的太阳轮的轴不运动，故不会受力弯曲，所以它的轴可以比一般的齿轮机构细，齿宽也可以做得更大。

很多工厂都在使用的设备——轻便起重机等，大部分都是利用这种行星齿轮装置来减速。要做到在有限的容积里，达到最大的减速比，这种结构是最合适不过的了。

▲应用在研磨机上的行星齿轮装置。旋转加工件（自转）放在中心至周边部位。这是应用最普遍的一种装置

▲加速的行星齿轮装置，输出力可达 2320kW

差动齿轮装置

在有关齿轮、机械学的图书中，经常会出现行星齿轮装置和差动齿轮装置的内容。但是，对这两种结构的区别，并没有进行明确的阐述。

在 JIS B 0102 齿轮术语这一篇里，对差动齿轮装置的定义为：从两个轴输入动力时，第三个轴随着同时旋转的齿轮装置。行星齿轮装置也使用这种原理。后面的备注里，又说明了“以差动为目的的差动齿轮装置，太阳轮、行星齿轮多使用锥齿轮”。

① 汽车的差动齿轮装置

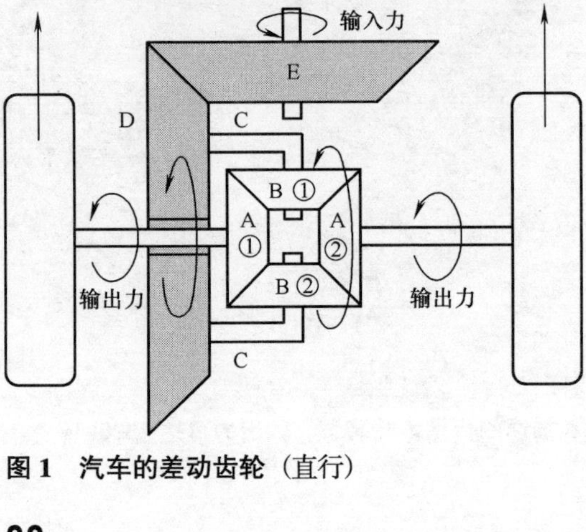

图 1　汽车的差动齿轮（直行）

从上面 JIS 中的定义来看，第 84 页所提到的行星齿轮装置，若Ⅰ、Ⅱ轴，Ⅰ、Ⅲ轴或者Ⅱ、Ⅲ轴传递旋转，剩下的Ⅲ、Ⅱ、Ⅰ轴也同时承受两方的作用。所以，也就变为了差动齿轮装置。

差动齿轮装置取其英文单词 differential gear 的头一个字母，也可以称为 DF 齿轮。

在差动齿轮装置里，最常用的是将汽车驱动轴的旋转向驱动轮传递的机构。即使是与机械无关的人，也都非常了解这个机构。但大部分的人也仅知道这个机构叫做差动齿轮装置而已。汽车在开动时，内侧车轮的旋转慢，外侧车轮的旋转快。因此，要达到差动的目的，就像 JIS 中备注说明的那样，采用锥齿轮。

照片①是汽车的差动齿轮装置。如**图 1** 所示，太阳轮 A 是①和②。行星齿轮是 B。行星架 C 和锥齿轮 D 是一体的。因此，从主动轴传出的驱动力，通过锥齿轮 E，向 D 传递。

也有人提出质疑：这分明是行星齿轮装置，不是差动齿轮装置吧。

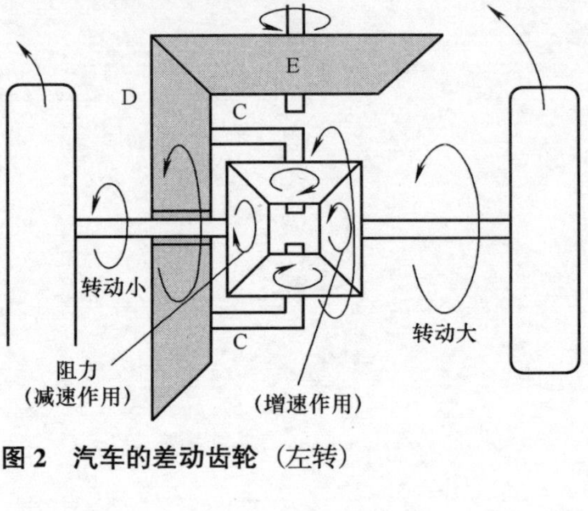

图 2　汽车的差动齿轮（左转）

是的。当汽车直行时，向锥齿轮D传递的旋转，通过行星架C，使行星齿轮B的锥齿轮①②绕D的轴心旋转，同时，通过太阳轮A的锥齿轮①②，使两边的车轮同时旋转。

但是，当汽车向某个方向转弯时，假定是向左转，这个装置就会对左侧的车轮产生阻碍左侧车轮旋转的力。此时的状态也就符合上文提到的“当从两个轴输入动力时……”的差动齿轮定义。

如图**2**所示，使左侧车轮旋转的阻力=与其相反方向的向太阳轮A的锥齿轮①传递的驱动力不相等，而主动轴则向行星架C的锥齿轮D传递旋转力，这样从两个轴输入动力时，第三个轴（即行星齿轮B的锥齿轮①②）也同时承受这个作用力，进行旋转（以行星架C为轴，进行旋转）。其最终结果就是，外侧（右侧）车轮的旋转会快一些。在图**2**中，A①齿轮的旋转方向是相反的，这是为了表示减速作用，其实它的旋转方向与A②齿轮相同。

本页左侧照片②表示的是滚齿机的差动齿轮装置。这是在进行斜齿轮的齿加工的运动部分。输入力是从该照片的右侧导入。圆柱齿轮的差动装置如图**3**所示。①是太阳轮，而②和③相当于一个锥齿轮，④是与旋转方向相反的中间齿轮。⑥是斜齿轮另一个驱动力输入处。

同样的结构如换成锥齿轮，就如图**4**所示，将图**3**中的⑥变为蜗轮。

② 滚齿机的差动齿轮装置

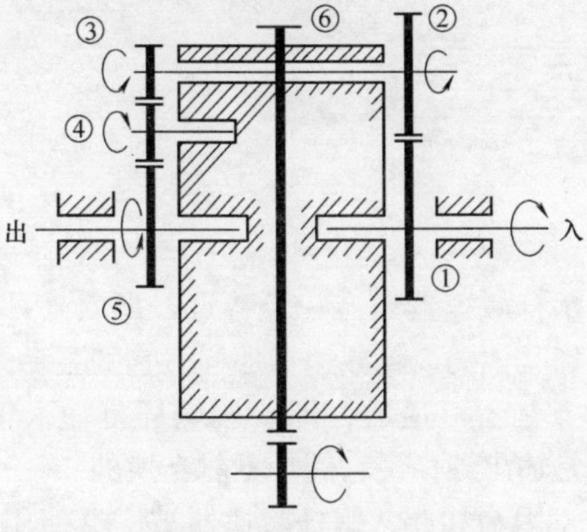

图3　滚齿机的圆柱齿轮差动装置

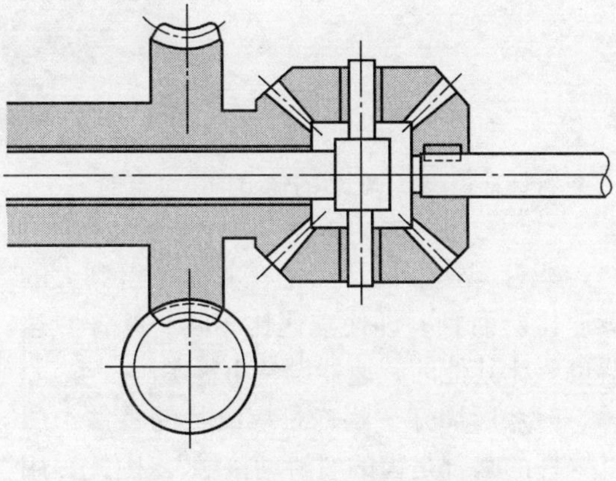

图4　滚齿机的锥齿轮差动装置

蜗杆减速器

▲输入轴在下侧

▲输入轴在上侧

▶将标准型旋转 90°后的输出轴是垂直的

蜗杆减速器的特点是在 1 级能得到大的减速比。而且，即使减速比相同，蜗杆减速器也要比其他的减速器设备小很多。

但众所周知，蜗杆是螺纹状的零件，所以蜗杆的啮合是齿的“滑动接触”。因此，用它来传递大的动力是不合适的。

蜗杆减速器还有一个特点，那就是：它不能像其他的齿轮减速器那样，它的主动方、从动方是不可逆的，即一般蜗杆是输入轴，蜗轮是输出轴，说它们是不能互换的。

正因为如此，蜗杆减速器被广泛使用在可发挥其特点的地方。

首先，因为它的齿面是滑动接触，摩擦阻力大（80%~85%），效率变差，且无法用于大动力的传递。在传递的动力、传递力矩较小，旋转速度低的计量装置中，多使用蜗杆减速器。

举个身边的例子吧，比如说铣床加工时使用的万能工作台。这个万能工作台在 1 级时是按 1：40 的减速比运行。

蜗杆的减速比与其他的齿轮是不同的

$$减速比=\frac{蜗轮的齿数}{蜗杆的头数}$$

因此，为了加大减速比，就应加大蜗轮的齿数。

蜗杆是滑动接触的，因为减速比大，在满足转动圈数多的蜗杆使用坚硬的材料的同时，蜗轮也要使用柔软的材料（如铜合金—磷铜、镍铜、铝合金铜、黄铜等），使蜗轮适合蜗杆。

有的大型蜗杆减速器的蜗轮也会使用价格便宜的铸铁蜗轮，因为蜗轮、蜗杆之间很难配合，又容易烧伤，所以就必须注意润滑油的质量（一般使用粘度高的润滑油）和润滑油供给方法。

蜗杆减速器有个显著特点，即它的输入轴与输出轴垂直。而输入轴、输出轴也有多种位置关系，如照片所示。

为了弥补蜗杆的缺点，也会用“鼓形蜗杆”代替圆柱蜗杆，同时增加啮合齿数，加大传递动力。

当然，还有其他的各种问题，所以应用并不广泛。

▲箱体下部是蜗杆，其上有蜗轮

▲多头蜗杆（上：12 头，下：6 头）

▲与 6 头蜗杆相配合的蜗轮

变形齿轮减速装置

▲减速装置和其构成零件（左边是变形齿轮）

前面介绍了减速器的齿轮用途。其实还有一些齿轮减速器与上文介绍的减速器风格迥异。

作为传递“运动＋力”的减速器，如果齿轮变形就起不到任何作用。即使是一个齿发生了几微米的变形，也会导致振动、噪声、磨损。但是，也有一种机械利用了齿轮的变形，在1级得到大的减速比。

这种机械的结构如下文所述。首先，在它的外侧有内齿轮，这个内齿轮是没有变形的。在其外侧，有壁薄的齿轮与其相互啮合。此外内侧的壁薄的齿轮是变形的。在中心的输入轴处装有椭圆形滚珠轴承。滚珠轴承的外轮是弹性体制成的，刚才提到的壁薄的齿轮就是准确地装在外轮上。因此，这个壁薄的齿轮也就随之变形为椭圆形的齿轮（当然，这个变形量是非常微小的）。

而且，这个壁薄的齿轮变形为椭圆形后，其长直径两侧的两个位置，与内齿轮啮合。那也就是说，它的椭圆形短直径两侧是与内齿轮分离的。

其他齿轮与一般的内齿轮啮合时只有一个啮合点，但是在这个机械上，有两个啮合点。可以说，内齿轮跟与之啮合的内侧的壁薄齿轮的大小只差一点点。因此，内齿轮和壁薄齿轮的齿数差也非常小，只有不到一个齿的齿数差。

此结构中的输入轴旋转时，内侧壁薄的齿轮随着中心的椭圆形轴承旋转，其椭圆形的形状不断发生变化。因为这个壁薄齿轮与滚珠轴承的弹性体外轮紧密连接，所以即使中心轴旋转，外轮也不转动，只是发生了变形的齿轮椭圆形长径方向有变化。所以，在其长径的两端位置与外侧的内齿轮啮合，随着长径的旋转，带动外侧的内齿轮向同一方向旋转。

与内齿轮只啮合一处时，传动比与齿数比成反比。但这种机械是在两处啮合，内侧齿轮旋转 1 周时，外侧内齿轮只向同一方向旋转两者齿数差的角度。外侧的齿轮，只能与内侧齿轮齿数相同的部分啮合。因此，外侧齿轮旋转一周，内侧的薄齿轮就必须旋转很多周（实际上是，壁薄齿轮的啮合点根据轴承的旋转移动）。即

▲**在模型上使用的减速装置**（左侧为变形齿轮）

内外齿数差 ÷ 内侧齿数

不按上式的倒数旋转，外侧的齿轮旋转不到 1 周，这就成了减速比。

例如，外侧是 202 齿、内侧是 200 齿时，大减速比就是 $(202-200)\div 200=\frac{1}{100}$。

但是，为了内外齿一直都能啮合，还必须满足一个条件，那就是：齿数差必须是模数的偶数倍。

照片中，像不带盖子的缸形零件就是变形的齿轮，它的壁厚很薄。在底部的小孔处固定，从中间的孔插入输入轴，输出力从外侧无变形的内齿轮输出。

因为内侧的齿轮常常是变形的，所以就不能采用模数大的齿轮。因此，这种装置不能用来传递大的动力，而是利用其容积小、减速比大的优点，应用在使用便捷的装置中。

齿轮泵

这章讲述的是齿轮用在动力、运动的传递之外的例子。如本页标题所示，也有用在液压泵中的齿轮。齿轮泵一般是当做液压机的液压泵来使用。齿轮泵并不是用在大容量或高压的地方，从液压泵的构造来看，它的优点是简单且小巧。

齿轮泵的构造如**图 1** 所示。它是齿数相同的一副齿轮，利用其两个侧面和外周边在紧密结合的箱体里旋转的一种结构。

在这个结构里，一侧是主动齿轮，另一侧是从动齿轮，它们之间的啮合关系没有变化。当这一副齿轮旋转时，箱体与齿轮的齿之间的空间即齿槽里的某种润滑油，随着齿轮的旋转，被运送到各处。

这个齿轮泵存在一个问题。那就是进入到啮合齿轮的侧隙里的润滑油，即从吸入侧进入的一部分润滑油，不可避免地会进入到这个间隙里，然后再将其送回到吸入侧。如

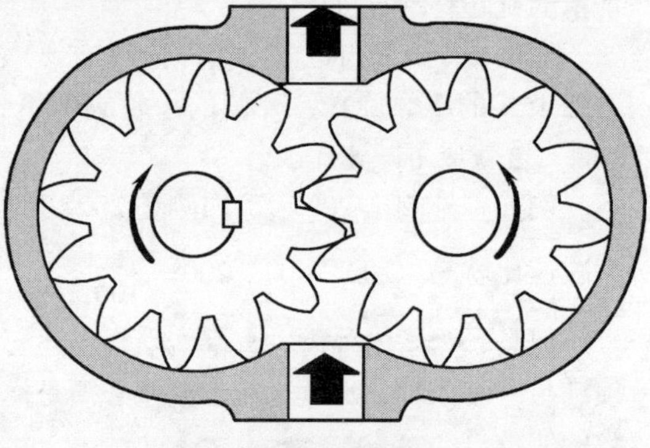

图 1　外啮合齿轮泵

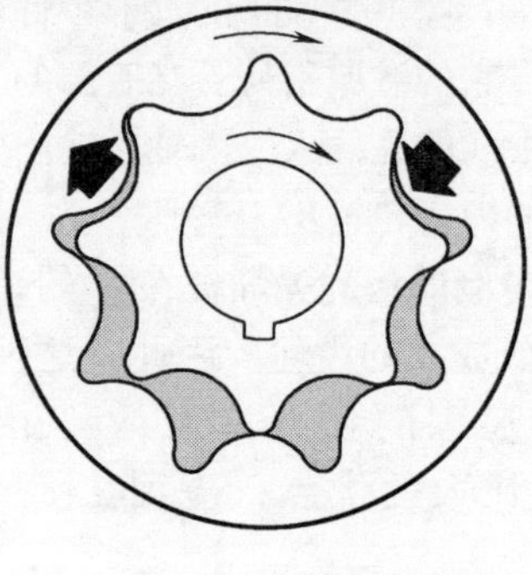

图 2　内啮合齿轮泵

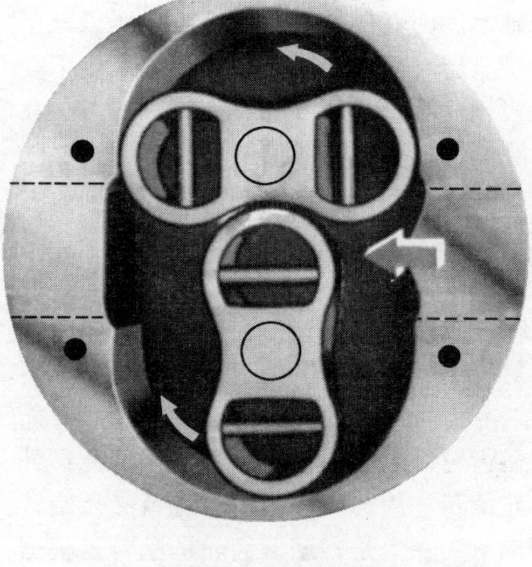

图 3　罗茨鼓风机中特殊的 2 齿齿轮

果这个输送量很少，则齿间的空隙小一点比较好。但是，并不只有这个问题。

为了使齿轮能流畅地旋转，就必须同时与一个以上的齿啮合。但齿轮泵两个齿以上的齿啮合时，就会使润滑油被封闭在两个齿中。

在这种情况下，这个间隙的容积随着齿轮的旋转发生变化。当容积变小时，此处就形成高压，当然阻力也就增大。相反的，如果容积变大，也会出现真空现象（形成真空），阻力也会增大，且发生振动。

同时啮合的齿数只有一个也是可行的，但是这时只要有一点磨损，就会发生损坏。为此，考虑了很多方法，比如：改变各种齿形（变位）、采用斜齿齿轮、设计排油槽等。

一般来说，大部分齿轮是渐开线齿廓变位齿轮，但是有时也使用照片上的那种正弦曲线的齿廓。因为这种齿廓有滑动率非常小、磨耗少的优点。但由于其在轴间距离、齿廓等还有一些缺点，所以在一般的齿轮装置上不用。

到目前为止，以上所说的都是外齿轮，其实也有内齿轮（见图 2），它也称为轴流式。

由于内啮合齿轮存在齿的干涉，很难制作齿数少的齿轮。所以，只能制作如图 2 所示的特殊齿廓。

从外形上来看，它不像齿轮，可以把它看做是两个齿的齿轮。它用在罗茨鼓风机上，是一种气动泵（见图 3）。

所谓齿轮泵，就是按传动比改变容量，也可以将其看成是固定传动比，容量也就固定的“定量型泵”。

▲外啮合齿轮泵，齿廓是正弦曲线

▲变位齿轮泵用的齿轮

▲内啮合齿轮泵（使用在汽车的液压自动变速器上）

非圆齿轮

▲利用液体的流动进行旋转

▲只要看看流量计的内部结构，就会明白它使用的是两副椭圆形的齿轮。利用大一点的椭圆形齿轮来看看它的运动，假定液体从左至右流动，根据液压的原理，上方的齿轮旋转，下侧齿轮和箱体之间积存的液体就随之向右流动。齿轮向同一方向旋转的同时，这种运动也就交替进行

如果在这个齿轮轴上安装指针，计算累积量就成为流量计了。但是，为了使椭圆形齿轮等速旋转，还要加入另外一副非正圆形的齿轮。

如果这个椭圆形的齿轮利用动力旋转，它就变成了与第 94 页提到的机械略有不同

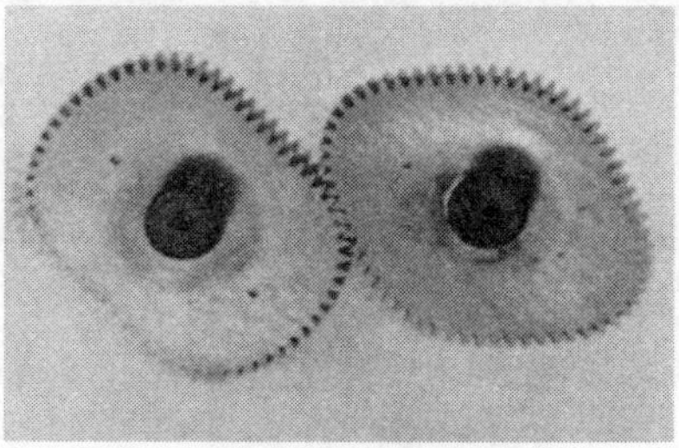

▲椭圆形齿轮等速旋转的齿轮

的齿轮泵。但是，因为它不是圆形的，所以不可避免地会发生振动，因此它也就没有被广泛应用。

因为齿轮是旋转的零件，所以它的外形是圆的，这是一个常识。但是，世界上也有非圆形的齿轮。

那么，齿轮都有哪些形状呢？在机械学相关的图书中，从理论可设计出各种各样的形状。但是，并不是那种任意想出的齿轮都存在、能使用且可动。

其中一个例子就是液体用的流量计，它的齿轮是椭圆形的，也称作椭圆齿轮（oval gear）。这里的椭圆（oval）有“椭圆”或“卵形”的意思。椭圆齿轮除了用在流量计上，也使用在自行车上。

圆形齿轮啮合时，任意旋转，两个齿轮的轴间距离是不变化的。其他齿轮的啮合当然也是如此。因此，非圆形的齿轮啮合，也应符合这个原则。

圆形齿轮从轴中心到圆周边的距离永远是相同的，但是非圆形齿轮从中心到外周边的距离不同。

由于啮合位置在连接两轴心的直线上不断移动，要使从两个齿轮的轴心到节点的距离之和不变，两轴心距离就必须不变。

只要满足这个条件，就会像流量计中的椭圆齿轮那样，即使两个齿轮不是圆形或者形状不同，它们也能够旋转。

▲上面照片中的机械现在已经无法运动。但其中的齿轮在现实中是存在的。它是在大约 100 年前，德川幕府在长崎成立制铁所时从荷兰进口的机械。通常称之为立式切削机床（立式刨床）。很遗憾，它的配对齿轮已经丢失了，可以说它是较早使用冲头的一种机械

大齿轮·小齿轮

▲上面是外径为 **9m** 的大齿轮（日本植田铁工所提供）

◀左侧是 **40** 万吨油船的 **4** 万马力蒸汽涡轮减速器用齿轮。它的分度圆直径是 **5.12687m**，因为是大功率、高速旋转的零件，所以使用了模数小的人字齿轮（日本石川岛播磨重工业提供）

▶右侧是分度圆直径 **7.5m**、模数 **50mm** 的齿轮（日本石川岛播磨重工业提供）

齿轮有大，也有小，但都是用肉眼看得到的。

首先是尺寸的大小。尺寸中最重要的是直径。准确地讲，这里的直径是齿顶圆直径。在美国曾经制作过雷达天线驱动用的齿轮，直径达33m。它是由许多个齿条冲压、弯曲连接而成的齿轮。

从根本上说，齿轮直径的大小是由齿加工用的滚齿机的大小来决定的。

在日本国内大的齿轮直径也达到了11m。

传递动力大的齿轮，应该是船舶的减速齿轮。

而模数大的齿轮，模数也达到了100mm，这也是日本所能制作的较大模数齿轮了。

小的齿轮，一般使用在钟表、计量器、镜头快门等装置的内部。它们的直径、模数及所传递的力都非常小。

▲模数为0.2mm的齿轮。它是装在照相机内部的自拍装置里的齿轮

▼背景是1mm方格纸，纸上小齿轮的模数是0.2mm

间歇齿轮

齿轮原本是用于顺畅地传递旋转运动的零件。但是，也有的齿轮并不是连续地旋转，而是间歇旋转。所谓间歇旋转，当然也是不断地旋转，但是如果没有正确的、固定的间隔时间，这个机械零件就没有存在的意义了。旋转时常常只转动不到一周的某个角度。为了达到这个目的，可用“槽轮”，如左侧照片所示。

照片中右侧是主动方，而这个齿的圆销是 1 根。从动方则是与这个圆销直径相配合的槽。根据槽的数量来确定从动方的旋转角。

决定从动方旋转速度的因素，是从动方圆销到中心的距离。显然，从动方的槽的深度也随之相应变化。照片中的齿轮，圆销通过了两个轴间距离的中心，所以主动方和从动方是等速的。

圆销的轨迹为分度圆。这种组合如果使用普通的齿轮，那么当从动方开始运动时，最初的齿就会承受冲击力。而如果是采用槽轮，从动方的运动由始至终都处于无冲击的运动的理想状态。

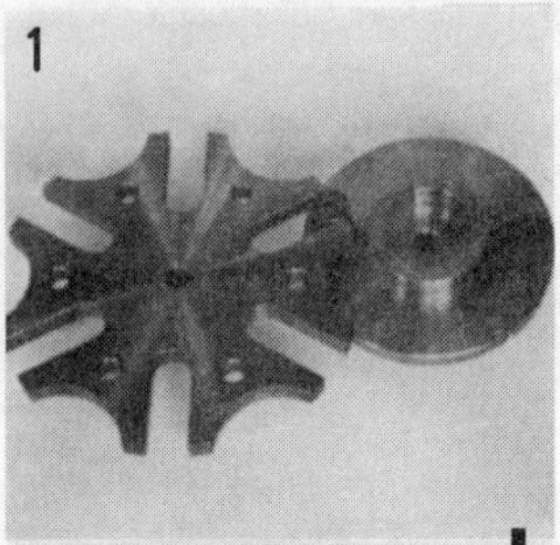

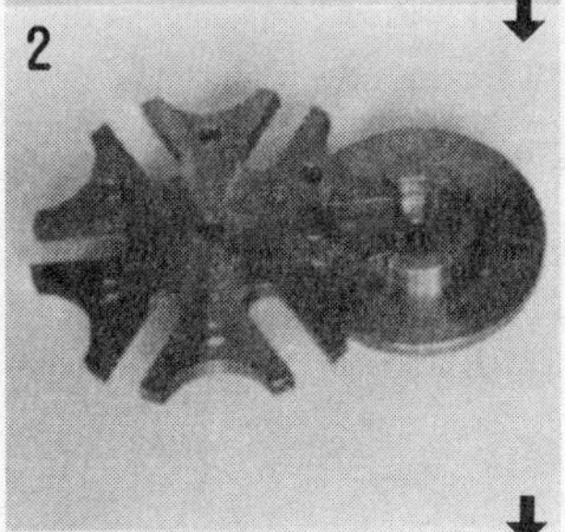

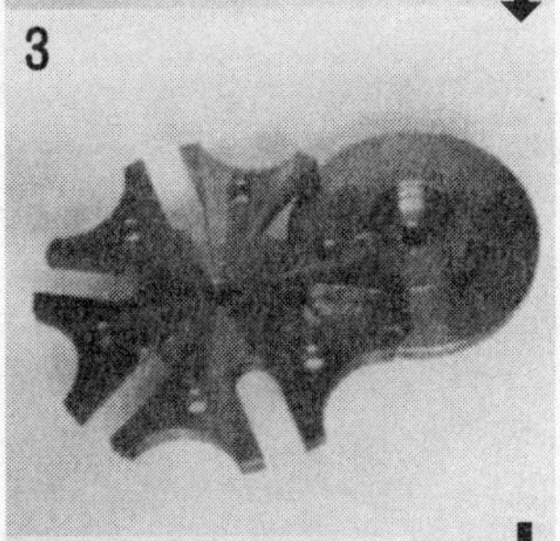

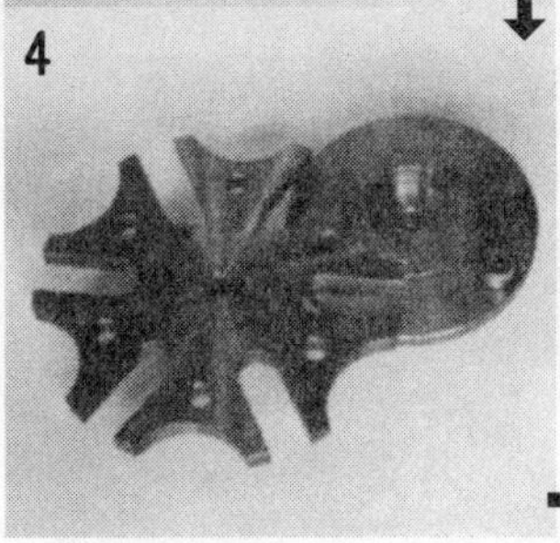

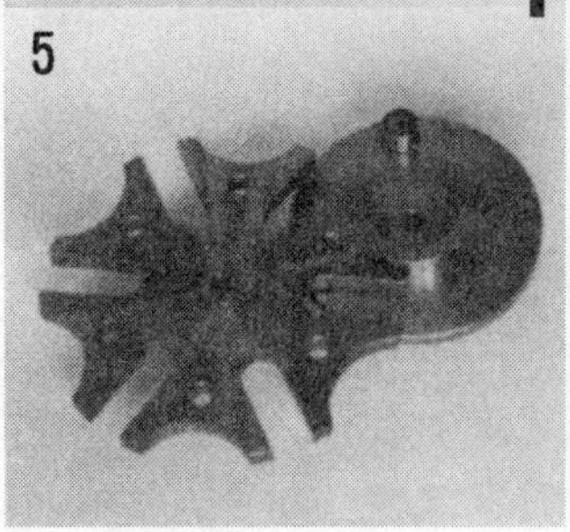

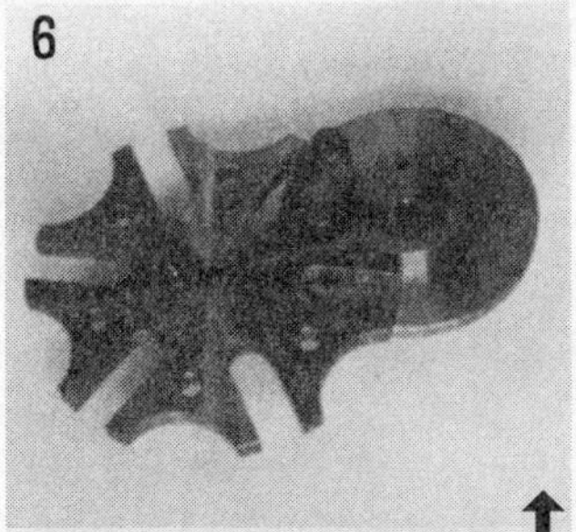

④~⑥中，从动方是静止不动的

制作方法

齿轮有各种原理，其制作方法也与其他的机械零件有很多不同之处。而且，不同形状的齿轮，其制作方法也各有不同。齿轮制作方法中基本的是齿加工。但是，除了齿加工以外，齿轮的制作还有其他的方式，根据材料的不同，它们的制作方法也各不相同。

毛坯加工

齿轮在齿切削之前的状态，称为毛坯。除了齿条以外，这种毛坯全都是车床加工。尤其是对于齿轮这种圆形的零件。

不用说，用车床可加工出各种类型的毛坯。锻造件是大量生产的产品。而铸造件则既有大量生产的时候，也有生产一个的时候。但不管怎样，装夹是一个很重要的问题。通常，如果批量生产，就必须准备专用的夹具，还有相应的毛坯。如果生产数量少，就可以直接用圆形棒材切削。

从形状上来看，带轴和带轴孔的齿轮有着很大的不同。

带轴的齿轮是以两个中心孔为基准，后工序的齿加工、研磨（齿、轴）、修边等，全部都是使用这个基准。只有这样，才会减少轴心与外周边的跳动误差。因此，中心孔的尺寸就必须合适，且具备很高的精度。

容易产生问题的是带轴孔的毛坯。将毛坯装夹在切齿机上时，全部都是利用这个轴孔。装夹时，将心轴插入这个孔，然后用垫圈、螺母将其紧固。在这时，如果两侧面的平行度及两侧面与轴孔的垂直度不好，就无法正确地装夹到滚齿机上。如强行装上，对毛坯本身也会有影响，由于毛坯内部的应力，加工时齿的精度就会下降。

如果轴孔的尺寸太大，被切削的齿相对于轴心就会出现跳动误差，增加装夹的时间，轴孔和外周边的同轴度变差，外周边的尺寸误差也会变大。

这类带轴孔的毛坯存在着各种各样的问题。特别是在车床加工毛坯时，有一道必须翻转一次的工艺。这个时候如果不注意，两侧面的平行度、外周边就会出现跳动误差。而且，当因加工数量的关系，每一道工艺分得很细时，就必须相应注意夹具、解决这些问题。

在只加工一个或少量加工的情况下，必须认识到：毛坯的车床加工的好坏是影响到最终结果的因素之一。

一般来说，原则上孔、一方的侧面和外周边是同时装夹加工（也称为同步加工）。但是，外周边根据所用的材料，有的不仅没有凸起等可夹紧的部位，而且加工后夹紧部位会残留未加工痕迹。在这种情况下，采用的方法是：先加工孔和两个侧面，然后再在孔里插入心轴，依靠两个中心的进行支撑，减少外周边的跳动误差。

尺寸公差一般采用：外周边 +0、−0.2 左右，孔为 H7 左右的配合公差。

大量生产时，毛坯是锻造成形的。这样做是为了减少毛坯加工时的切削量，也就是为了节约原材料和缩短加工时间。这种方式特别适合于轴孔大的或带轴的台阶大的零件。

大型齿轮，特别是大载荷或高速旋转用的齿轮，一般在齿的部位使用高品质的合金钢，加强肋、轴等部位则使用低品质的材料，通过这种两者结合的方式，来制作大型齿轮的毛坯。

▲带孔圆柱齿轮的锻造成形材和切削后的毛坯

▲大锥齿轮的锻造成形材和毛坯（背面研磨）

▲锥齿轮的锻造成形材和切削后的毛坯的齿部

▲在加强肋上焊接厚钢板嵌入高品质材料

热处理

▲渗碳炉和未渗碳齿轮

齿轮的热处理主要是在齿加工后进行。当然，在齿加工前，为了除去齿轮毛坯内部压力而做的正火处理另当别论。

齿轮的齿要传递必须具备一定较大的力的强度，主要是硬度和韧性。为了达到要求，可根据其使用目的来选择原材料。而为了防止齿面的磨损，可进行表面硬化处理。

表面硬化处理，主要有下述四种方法。

●渗碳

将低碳钢、合金钢的零件，放入渗碳材中，并保持屈服点以上的温度，碳元素则从零件表面渗入。将其淬火时，只有渗碳的部分变硬。可以通过渗碳时间的长短来调整硬化层的厚度。

●高频感应加热淬火

这是一种使用高频感应加热淬火装置设备进行表面硬化的方式。这种方法可在极短的时间内对零件进行高温加热，是一种大量生产的方法。但因其硬化厚度较薄，硬度很硬，所以有材料上的限制。

●渗氮

它与渗碳的原理相同，只是用氮元素代替了碳元素。这种方式比渗碳的硬度更高，硬化深度也能做到较浅，所以变形很少，只是需要花费时间。

●火焰淬火

这种方式是用火焰将零件表面急速加热，在热量还没有传递到齿的内部的时候，将零件急速冷却。因为其设备装置简单，且无需花费多少费用就可以完成，所以只对单个零件或是在小工厂进行表面处理时，常常采用这种方式。

轴孔的磨削

齿轮的磨削加工有很多方式。其中最重要的齿面磨削在本书第126页会有详细介绍。而作为这个齿面磨削的基准，轴孔就必须精确。

轴孔的磨削，与齿面的磨削加工是不同的。

齿面磨削加工时，因为有磨削余量，找出圆心还是较容易的。对已做过表面硬化处理的零件，齿轮的齿不再加工而直接使用，进行孔磨削时要找出圆心是很难的。

端面摆动的圆心当然可以依据外圆为基准来确定，但是中心孔的圆心却不能依据外圆基准来确定。它应该是利用分度圆来找出圆心，因为齿轮的基准是分度圆。

分度圆是假设的，肉眼无法看到，所以必须利用划线盘或指示表等测量仪。

要根据分度圆找出圆心，就要在齿槽里插入合适的测量棒，在其外侧找出圆心。当然这样通过读取指示表的指针找到一个点，是很难的。

斜齿轮要找到孔圆心，则更为麻烦。锥齿轮也是使用测量棒。而如果是弧齿锥齿轮就不能使用测量棒，只能使用滚珠。

大量生产时，则应准备夹具，这又是另外一个问题了。

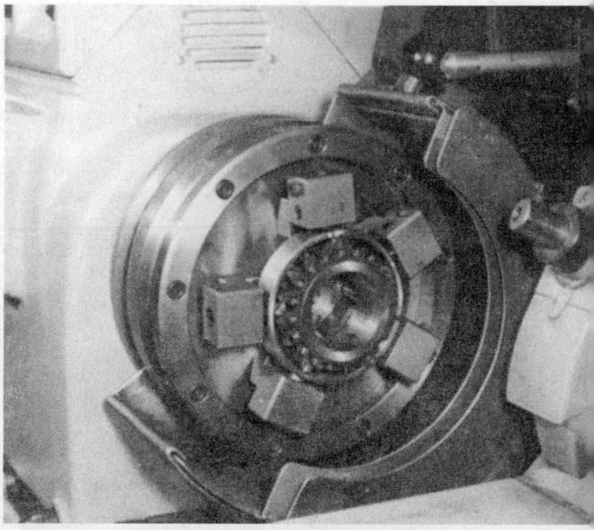

▲气压卡盘是五爪式。5根测量棒均插入齿槽中，并在外侧套上圆环、夹紧

▲在齿槽里插入测量棒，找出圆心

成形齿加工

齿轮齿的切削，一般称为“齿加工”。在各种切削加工中，只有螺纹和齿轮，不说“削螺纹”、“削齿”，而是说“切削螺纹”、“切齿”。为什么会这样，其来龙去脉已难以说清了。

齿廓是一种特殊的曲线。为了通过切削加工切削出特殊的曲线，一般是制作与这个曲线相同形状的刀具，利用这种刀具来切削。这种刀具称为成形刀具。

因此，齿廓的切削也是采用这种方法进行的。它是利用车刀、铣刀、砂轮等工具在毛坯上逐个将齿槽切削加工出来。也就是使用普通的加工机械加工的方法，这个方法称为：成形法。

“成形法”中使用的刀具必须有复杂的曲线，据说很难保持正确的齿廓或很难保持每一个齿的切削精度。所以，很难制造高精度的齿轮，而且这个方法的效率也很低。

因此，加工数量少或没有切齿机时，现在也会利用通用加工机械，即采用“成形法”来进行齿加工。

成形齿加工的成形刀具只用在砂轮加工量小的场合，这是较为特殊情况。而最常用的切削刀具，则是车刀和铣刀。

一般用的刀具是铣刀。在 JIS 中，也对渐开线铣刀做了规定。因此，使用铣刀切削设备，卧式铣床能加工圆柱齿轮、直齿锥齿轮，而万能铣床则能加工斜齿轮。

加工圆柱齿轮时，从加工上来看，是单纯的切削加工。加工斜齿轮时，因为斜齿有螺旋角，所以不用万能铣床就无法加工。加工斜齿的螺旋角时，工作台要旋转加工，根据螺旋角计算得出的导程移动工作台，工作台的移动丝杠和切削台通过变速齿轮连接。如果是加工齿条，则只移动工作台就可完成。

加工直齿锥齿轮时，只要倾斜切削台的主轴，就能切削出锥齿轮的圆锥角。

此外，铣床还能加工交错轴斜齿轮、蜗轮等零件。

齿轮的齿廓，根据模数、齿数、压力角等参数的不同，也都形态各异。因此，成形刀具（渐开线铣刀）就必须是适用于各种不同模数、齿数、压力角的齿廓的刀具。

▲渐开线铣刀

但是，实际上是做不到这一点的。因此只能确定某一把铣刀可加工的范围。这个范围是针对每一个模数，利用齿数来划分。在JIS中规定了1~8号范围，见下表，编号越小，加工齿数也就越多。

编　号	切削齿数	编　号	切削齿数
8	12~13	4	26~34
7	14~16	3	35~54
6	17~20	2	55~134
5	21~25	1	135 以上

在加工模数大的齿轮时，如果用滚刀直接进行齿加工，单价很贵的滚刀的磨损量会很大，所以采用面铣刀来进行粗加工。因此也就制作出了成形面铣刀。

因此，用面铣刀加制作小模数的齿轮，立式铣床也可以进行齿加工。

用车刀进行齿加工时，有插齿机、刨床、立式刨床等加工方式。当然，没有渐开线铣刀时，就使用车刀。除了铣床以外，用车刀进行齿加工只限于所有的直齿齿轮。

当然会将车刀制作成齿廓形的成形车刀，但是好像这种成形车刀只能在少量生产的时候，制作与齿廓相同的曲线，除此之外别无他法。因而，不可避免加工精度下降。

切削齿数时，能够使用切削台自然是最好。但很多时候都是想用某种机械进行齿加工，却没有那种装置。在这种时候，一般是利用相同齿数的齿轮，同轴装夹切削。立式

▲倾斜切削台的主轴，加工直齿锥齿轮

▲模数为 48mm 的齿加工用面铣刀

刨床一般都带有旋转的工作台，切削、铣刀的装夹都非常方便。而加工内齿轮时，在插齿机上装夹车刀、铣刀等刀具则会较为困难。

也有一些特殊情况，齿轮很大时，插齿机就要升高，有时候也会挖开地面，使机床下沉放置，以便于进行齿加工。

展成式齿加工

渐开线曲线是一种特殊的曲线。要描绘这种渐开线曲线，只有采用本书第 28 页所提到的方法。在第 28 页所说的描绘方法里，将圆销和代替棉线的直线形物体（比如直尺），沿圆周滚动，此时所得到的由某点（比如一端）描绘出的线，就是渐开曲线。因为圆销和棉线是直线，所以原理相同。

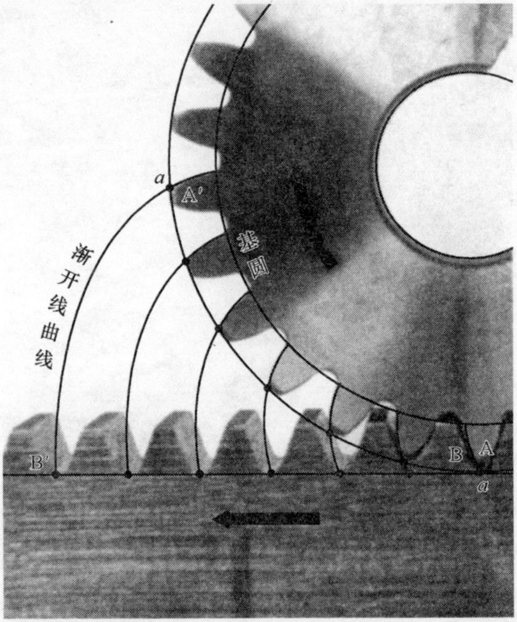

▲沿圆周转动直线物体时，这个直线的某个点描绘出来的线就是渐开线曲线。相反的，沿直线转动圆时，圆周上某个点描绘出来的线也是渐开线曲线

上面照片中，齿条的 B 齿向B′移动，齿轮的 A 齿向A′移动。此时，a 点描绘的线就是渐开线曲线。

采用与上述关系相反的方法，其实也是可行的。固定直线，将圆圈沿这个直线滚动，圆周上的 1 点与直线相连接，则能描绘出渐开线曲线。

齿条的齿是直线形的，因此齿条的齿很容易加工。在这个齿条上，用黏土压住圆柱状的物体使之滚动，或是用黏土压住齿条，将齿条向一方牵引拉伸。这样，根据齿条的齿通过黏土旋转就可制作出齿廓。因为齿条是直线，通过黏土上的 1 点可以描绘出渐开线曲线，则与上文所述的情况一样。黏土制作出来的齿，应该也是渐开线曲线了。

这种渐开线曲线的描绘方法，称之为“展成”，而利用这个原理进行的齿的加工方法，则被称为“展成法”。

展成法的齿加工，切齿刀具和毛坯，是按照这个展成关系放置。这样切削，则能通过展成的方式加工出渐开线曲线的齿。即展成法的切削工具，是用齿条状的直线成形的切削刃。也就是说，展成法的切削刃，刃形是很容易制作的。正因为刃形容易制作，所以能够制作得很精确。

对于齿槽那样的形状，一次性大面积的切削成形是不可能做到的。实际上，用展成式齿加工法加工这个齿槽部位时，是分几次一点点来切削的。

因此，利用这种展成式制作的齿加工机械，称为切齿机。对切齿机而言，切削刀具和毛坯的关系，还有几种方法本书第 110 页会提到。这些

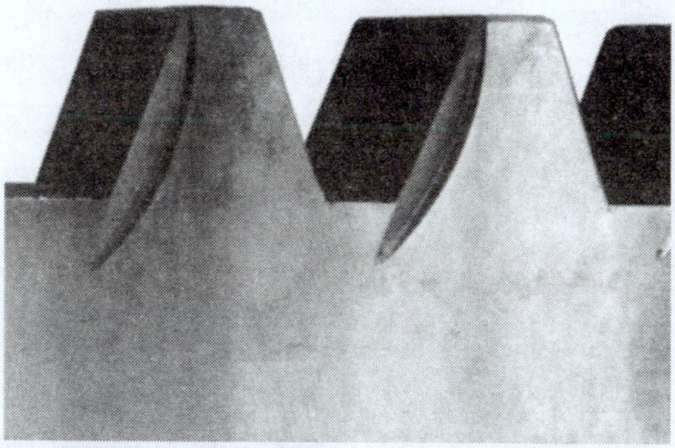

▲直线的切削刃通过展成运动形成渐开线齿廓

齿加工刀具的切削刃，除了插齿刀具，其他的全都是直线成形的切削刃。用直线形的切削刃，切削加工出渐开线曲线的齿廓，这就是展成式齿加工。

齿条基圆的半径是无限大的，所谓渐开线曲线，是指相当于圆周的部分为直线，从这个基圆得出的渐开线曲线也是直线（渐开线直线?）。

齿条式刀具当然是如此（见第 114 页）。将滚刀（见第 110 页）沿轴向切断时，它看起来显然就是齿条。

直齿锥齿轮用的 G 型刀具（见第 118 页）的切削刃是直线。它是齿条的一个齿。格里森方式（见第 120 页）的刀具切削刃也是直线。

这些齿条状或齿条的一个齿的直线切削刃，一边切削毛坯（不管毛坯进给，还是切齿刀具进给，都是一样的），一边使毛坯旋转，齿加工刀具也随之移动，齿加工刀具与毛坯形成了啮合并滚动的关系。

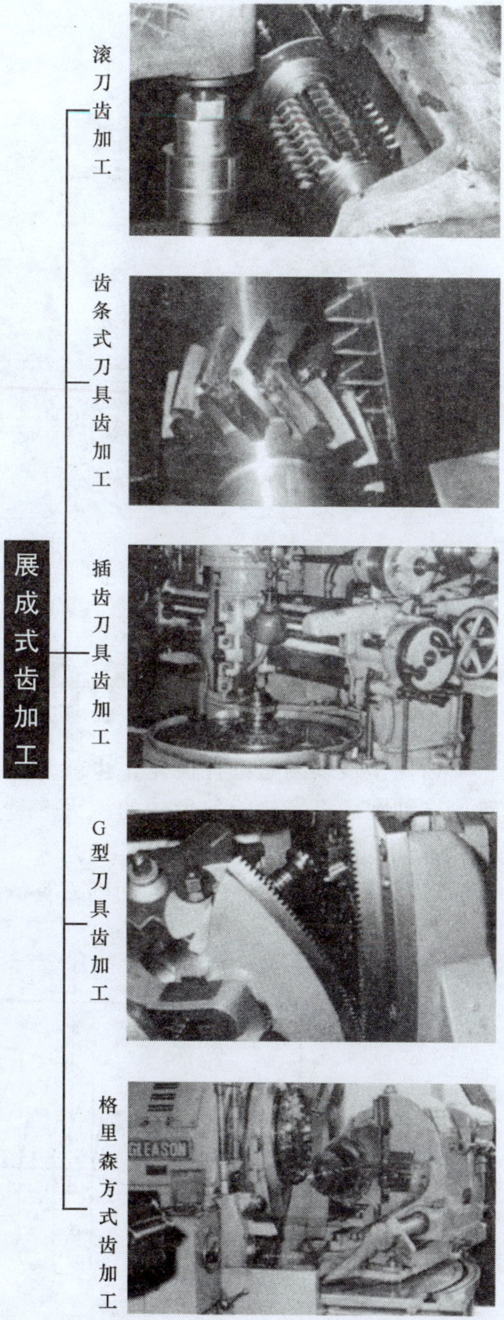

用滚刀进行齿加工的机械称为滚齿机。滚刀是在圆柱的外圆周切削出齿形状的螺纹，再在这个螺纹的螺旋角上，切削出几个直角的槽，这个槽的面就是切削用的切削刃。

因此，切削刃的面就成了齿条。换一个说法，也可以说是将齿条变成螺旋状且以一定齿距环绕在圆柱的外周上。

一旦使这个滚刀旋转，由于它的切削刃变为了螺旋状，所以旋转一周就是一个齿距，即前进一个齿。因此，使用这种滚刀切削毛坯时，滚刀旋转一周，毛坯则与之相应仅旋转一个齿的距离，在滚刀旋转一周的过程中，几个切削刃就逐渐将一个齿切削成形了。

上述情况类似于**图 1** 的齿条与齿轮啮合，齿轮（相当于毛坯）滚动的关系。

在**图 2** 中，1 号切削刃总是在同一个位置旋转，再将慢慢旋转过来的毛坯的一个齿距逐渐切削成形。接下来毛坯再慢慢靠近 2 号切削刃、3 号切削刃、4 号切削刃等。按照这个顺序，一个齿就被切削加工出来了。这个状态如**图 3** 所示。因为滚刀的切削刃是直线形的，所以将其放大画出来，就是这种形状。

滚齿的原理

齿轮里最多的是圆柱齿轮，也就是直齿轮。这种圆柱直齿轮或斜齿轮的齿大多是通过“滚刀切削”的方式来进行加工的。

滚刀（hob）是一种特殊的切削刀具。使

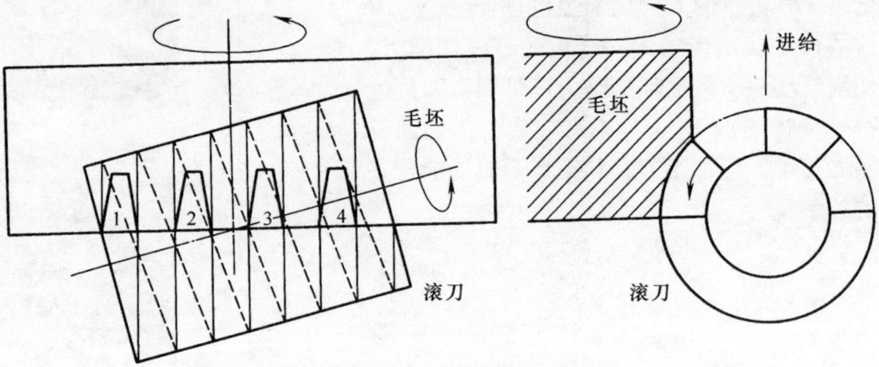

图 1　滚刀和毛坯（齿轮原料）的关系

齿廓的曲线是由多条很小的直线构成的。而且，滚刀是向毛坯的轴向进给，然后将齿加工成形。**图3**的沿齿高方向的一条线，是毛坯每旋转1周时滚刀的进给情况。对于第113页照片中那个刀具痕迹，如这个刀具痕迹都一致，就可以说是优质的齿面。

滚刀的齿是螺旋状的，将滚刀就这么装夹在与毛坯轴垂直的方向，切削刃会是倾斜的，但根据要求，切削刃相对于毛坯的轴必须是垂直的。因此，滚刀只根据螺纹的导程角倾斜装夹。这样做，与车床上将切削螺纹的车刀，配合螺纹的导程角倾斜装夹，是同一道理。

滚刀切削出来的齿廓，是由连续的直线（端面是平面）构成的，虽说未必正确，但只要驱动滚齿机工作台的标准蜗杆（实际上是蜗轮）的精度高，就能够制作出齿距精度高的齿轮（见第140页）。大齿轮，特别是减速装置上使用的齿轮，其齿距精度非常重要，所以提高滚齿机标准蜗杆的精度，是每一个厂家都在非常努力研究的课题。

▲利用大型滚齿机对人字齿轮进行齿加工

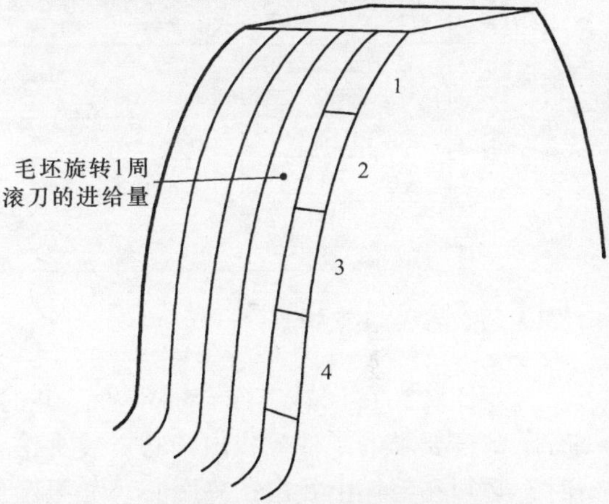

图3　切削刃、进给和齿廓

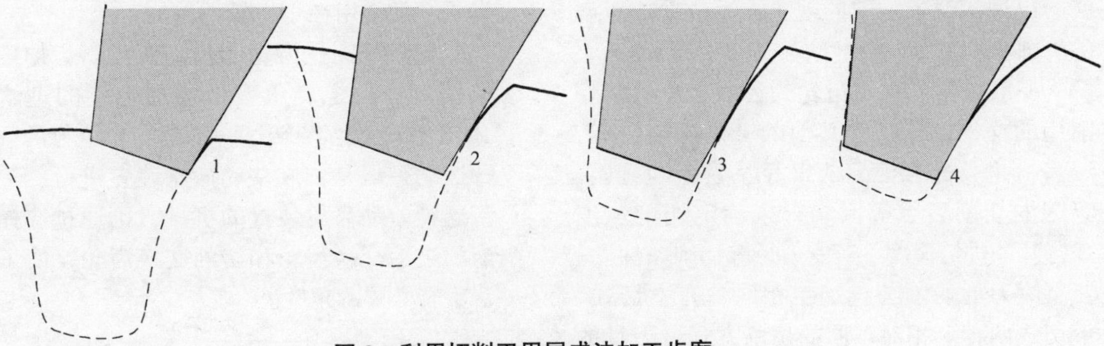

图2　利用切削刃用展成法加工齿廓

滚刀的齿加工

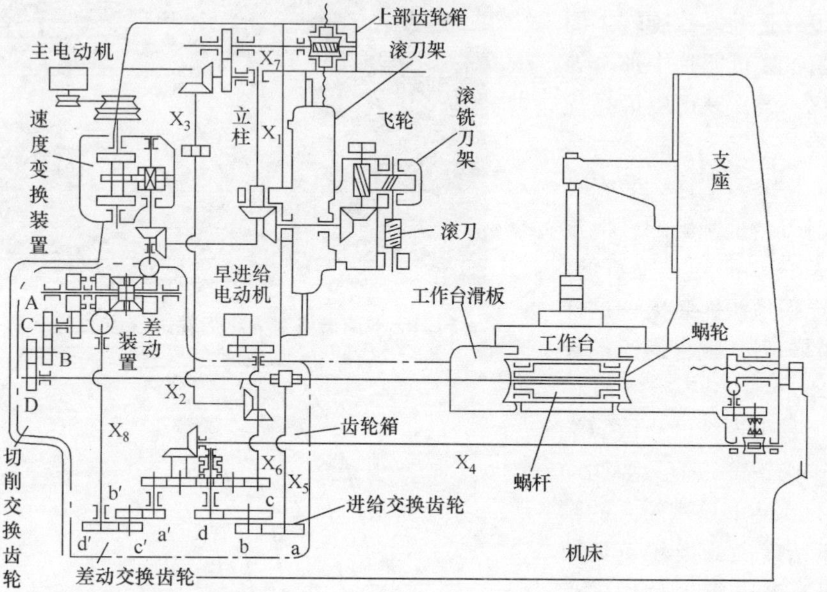

图1　滚齿机的复杂构造

▲直齿轮的齿加工

▲小齿轮用卧式滚齿机加工

毛坯装夹在回转工作台的中心。此时，有高精度要求的零件要找出圆心。装夹滚刀时，必须在毛坯上找出正确圆心。如果滚刀有跳动误差，在每一个旋转的切削过程中，就会出现深浅不均匀的现象，无法形成正确的齿廓。

一般根据要加工齿轮的齿数，来确定切削用的交换齿轮。和其他的工作机械一样，滚齿机也是配合滚刀的直径、毛坯的材质、滚刀的切削刃数等因素，来确定切削速度（转速）、进给速度、背吃刀量等切削条件。

滚刀的切削与铣加工相同，有上切式、下切式两种。相对不同的切削方式，刀具的进给方向也有所不同。

滚齿机的代表性结构如**图1**所示。**图1**中的滚齿机是立式的。与之相反的，将毛坯的轴为水平的机械称作卧式滚齿机，卧式滚齿机经常使用在小齿轮的齿加工上。

相对于圆柱齿轮的齿加工，斜齿加工是根据齿线的螺旋角度，增加毛坯的进给量（使工作台仅多旋转这一部分）来进行的。这种运动一般是依靠差动齿轮装置进行。不具备这种差动齿轮装置的机械，则通过选择适当的进给交换齿轮和切削交换齿轮，使工作台旋转必要的角度。

▲滚刀由下向上顺铣

▲进行俯向切削

▲开始切削

▲加工完成左旋斜齿轮

切削齿轮	滚刀螺旋方向	滚刀装夹角及滚刀工作台旋转方向
圆柱齿轮或蜗轮	右	
	左	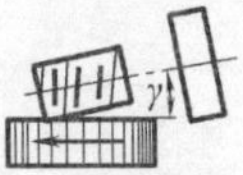
右旋斜齿轮	右	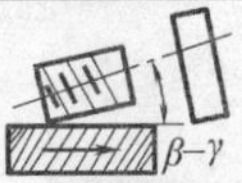
	左	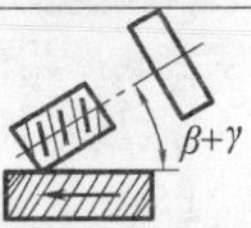
左旋斜齿轮	左	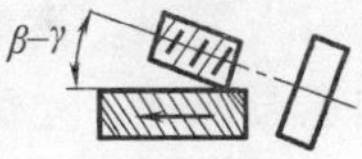
	右	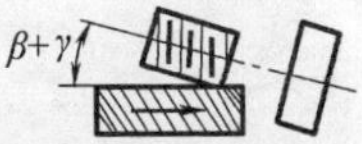

图 2　滚刀装夹角和毛坯旋转方向

此处，不同的机械对应不同的交换齿轮计算公式，如右侧表所示。即使只介绍其中一个例子，也需要介绍相当多的内容。总之，它是很深的一种理论，在这里也就不多论述了。

根据滚刀的螺旋方向和斜齿轮的螺旋方向，滚刀的装夹角度与毛坯的（工作台）旋转方向有不同的关系。这种关系如侧边**图 2** 所示。在这种情况下，β＝斜齿轮的螺旋角，γ＝滚刀的导程角。

滚齿加工后的齿面、切削状态（切削痕迹）是非常完美的。没有深浅不均的情况，是一种非常良好的情况。

要了解具体过程，请参考上面斜齿轮的齿加工工艺的照片。

▲上面的切削状态非常完美

齿条式刀具的齿加工

▲人字齿轮所用的齿条式刀具是左右一对

滚刀的加工方式是利用一定剖面的齿条进行的，毛坯一边旋转，一边与该齿条啮合进行齿加工。齿条刀具，则正如其字面所述的意思那样，是齿条状的刀具。它是通过直线往复运动，就像与齿条啮合那样，反复运动，在毛坯上用展成法加工出齿廓。

刀具是往复运动的，使用这种刀具的机械是插齿机。JIS 中称其为“齿轮牛头刨床”，一般也将它称为插齿机。

齿条式刀具的齿轮插齿机，有马格式和桑德兰式两种。这两个都是有名的齿轮相关机械制造厂家。

使用马格式刀具进行切削时，仅进行单纯的往复运动。而相当于小齿轮的毛坯一边与齿条式刀具啮合，一边进行齿加工的加工方式。

桑德兰式则只是毛坯进行旋转运动，而齿条式刀具在与这个小齿轮啮合的位置上往复运动，沿分度线方向进行齿加工。

▲桑德兰式插齿机

相对于圆柱齿轮使用滚刀加工，齿条式刀具的齿加工效率差了很多，因此一般都不使用这种方式。而齿条式刀具在齿加工方面的优点，就是其切削刀具的制作非常容易(也就是说成本非常低)。因此，相对于滚齿加工，齿条式刀具加工人字齿轮的中央槽时，能做得更精细。

左边的照片是桑德兰式插齿机，照片中的插齿机正在进行人字齿轮的齿加工。照片中央是正在齿加工中的齿轮，可以看到向两侧延伸的山状齿条式刀具的定位面。而桑德兰式的特点就是人字齿轮的两侧螺旋角被机械的角度限定。从这个方面来说，也可以肯定地认为：所谓齿条式刀具，就是在人字齿轮切齿机类机械上使用的齿加工刀具。

两侧的刀具合成一组时就成了人字的齿条。被切削的齿轮与之啮合，进行滚动运动。照片中的刀具是用于精加工的刀具，刀具上的切削刃仅切削齿的单侧。

请参看齿加工时上升部分的照片。齿轮(毛坯）与齿条（刀具）在啮合状态下，向右(见照片）旋转，齿条（刀具）也相应地（实际上如此，照片上也如此）向下运动，同时从照片中下方向靠近操作者（看图者）这边的上方运动并切削。螺旋方向相反时，靠近操作者这边的齿和刀具也是进行完全相同的运动。

利用齿条式刀具进行渐开线齿廓加工的展成过程，如右图所示。右图是将齿条的一个齿距切削完成的状态。将齿条式每一个往复的线条拼凑起来，则逐渐形成小齿轮的渐开线曲线。把这个看作展成的演化容易理解。实际上它是小齿轮（毛坯）在同一位置旋转，齿条（刀具）一边进行往复运动，一边由左向右移动。如果小齿轮由左向右滚动（当然齿条式刀具是在进行往复运动)，则变成了马格式。

▲左右两个刀具交替切削旋转的毛坯

▲利用齿条式刀具进行的渐开线齿廓的展成法加工

插齿刀具的齿加工

插齿刀具

所谓插齿刀具的形状如上面照片所示。在照片上能看到的一侧是切削刃的前面，这个切削刃通常是边旋转，边往复运动进行齿加工。

使用这种切削刀具的切齿机械，在 JIS 里一般称之为“齿轮牛头刨床”。但平时并不使用这样规范的名称，而是将其称为插齿机。根据刀具轴的方向，这种插齿机分为立式和卧式两种，但大部分是立式的，因为立式的更合理。

① 两个以上的齿轮成为一体，滚齿机上滚刀与其他齿轮相抵触，无法切削时。

② 加工内齿轮时。

一般来说，以上情况下，用插齿刀具进行齿加工就能充分发挥其作用。特别对于孔在底部的内齿轮的齿加工，就只能用插齿刀具加工。

用插齿刀具加工时，作为刀具的齿轮和毛坯齿轮相啮合的成副齿轮，两个齿轮是以与两方齿数比成反比的传动比运动，进行齿加工的。

插齿刀具的齿加工，是刀具的一片切削刃展成加工出一个齿廓。这一点，与滚刀的齿加工是有所不同的。因此，虽然它可以展成加工出齿廓，但它有一个缺点：那就是一旦插齿刀具的齿距有误差，则这个误差就会原封不动的转移到齿轮上，从而造成齿轮齿距的误差。

用插齿刀具加工圆柱齿轮时，通过上述介绍可以基本上了解其加工方式。而使用插齿刀具加工斜齿轮时，则必须将刀具向齿线方向移动。而如果把刀具和毛坯看做相互啮合的一副齿轮，那么，加工斜齿轮的插齿刀具就必须与被切削的齿轮毛坯的螺旋方向相反。

用于斜齿轮齿加工的插齿刀具，通过将往复运动相应变为螺旋状运动来加工。这个运动在机械上是利用凸轮等部件来实现的。

▲上面的零件是用插齿刀加工的

这个运动装置不具备太多的功能，所以刀具必须具备与进行齿加工的齿轮相同的螺旋角，并与机械运动装置的导程相同。因此，刀具的分度圆直径及齿数是受螺旋角、导程、模数等因素制约的。

其刀具、毛坯的中心和切削条件的确定方法等方面都与滚齿机相同。但插齿刀具无法像滚刀那样进行强力切削，其工作效率也较低。此外，它还不能像滚刀那样，一开始就进刀，而是要使一副齿轮逐渐靠近进行啮合，在毛坯的某个位置慢慢进刀，直至达到正常啮合的状态。下面的照片是斜齿轮的齿加工过程。通过这些照片可以清楚地看到在它加工的最初阶段，啮合（进刀）量是很小的。要切削毛坯，就必须用到交换齿轮，这一点插齿刀具也与滚刀相同。

进行内齿轮的齿加工时，一旦刀具与齿加工齿轮之间齿数相差过大，就会发生齿的干涉（见第 42 页）。因此，在加工内齿轮时，对两方的齿数都有限制。

▲利用插齿机进行圆柱齿轮的齿加工

▲开始加工斜齿轮

▲左边刀具由上至下进行切削

▲可以清楚地看到刚开始切削时的情况

G 型刀具的齿加工

▲G 型刀具的切削刃是直线

左侧照片所示的切削刀具，在 JIS 中被称为“直齿锥齿轮用 G 型刀具”。G 型刀具上、下切削刃成一对，正如它的名字那样，它是直齿锥齿轮的展成齿加工用刀具。

直齿锥齿轮的展成齿加工，是根据假想的冠轮和齿加工锥齿轮之间的啮合关系位置，使这两方以某个角度相互滚动的一种加工方式。这个冠轮的齿面，是由一副两片的切削刃制作而成，也可以把它想象成利用每一片切削刃制作出的齿条两侧的直线。

格里森方式

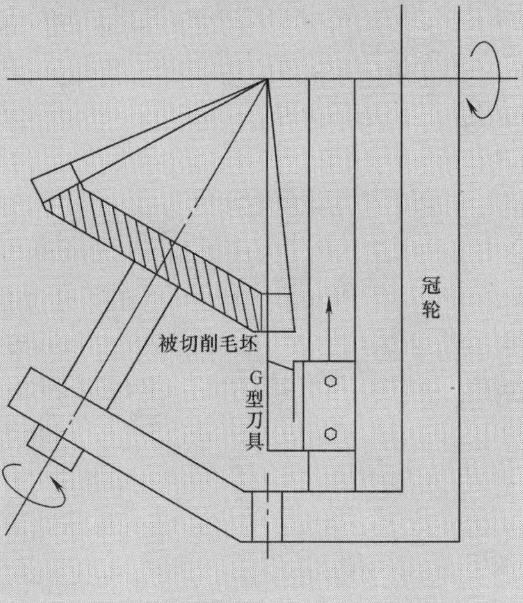

原理图

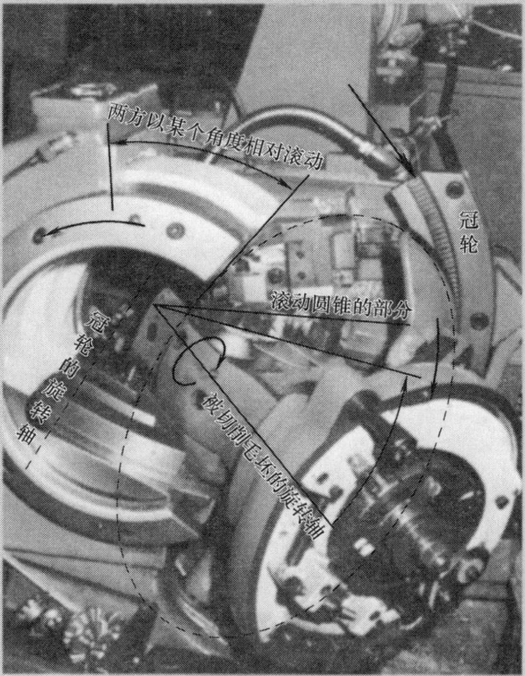

根据以上位置关系，两片切削刃交替往复运动，同时冠轮只沿某个角度滚动。因为被切削的工件，向两切削刃之间滚动，所以能描绘出渐开线曲线。它是由这两方的滚动合成的。通过这每一片切削刃逐一进行展成加工，而后依次切削出齿轮。

这种齿加工的方式称为格里森式。

直齿锥齿轮的齿加工方式，除了格里森式以外，还有一种赖内克式。赖内克式也是设定一个假想的冠轮与被切削齿轮相啮合、滚动。在滚动运动时，在被切削齿轮与假想冠轮啮合的位置上，放置一个圆锥体（的一部分），并在其上缠上带钢，使之滚动。这种运动如本书第28页所描述的那样，会形成渐开线曲线。因此，这个滚动圆锥体，必须与被切削齿轮的圆锥角相同。

如下面照片所示，通过机械下部某个用于进给的蜗杆，带动整体转动。随着这个转动，在与假想冠轮啮合的位置上，绕上了带钢且向两方拉伸滚动圆锥体（的一部分）开始滚动。根据这种滚动运动，可以描绘出渐开线曲线。同时，与这个滚动圆锥同轴且处于相对位置的被切削齿轮，也沿这个描绘的渐开线曲线开始运动。

按照这个啮合线（节圆锥），直线切削刃进行往复运动，将每个齿逐一切削成形。齿数的切削在下面照片的机械的最上部进行。通过这种方式使相对切削刃运动，被切削毛坯只按固定倾斜角度旋转，就能够进行直齿锥齿轮的齿加工。

赖内克方式

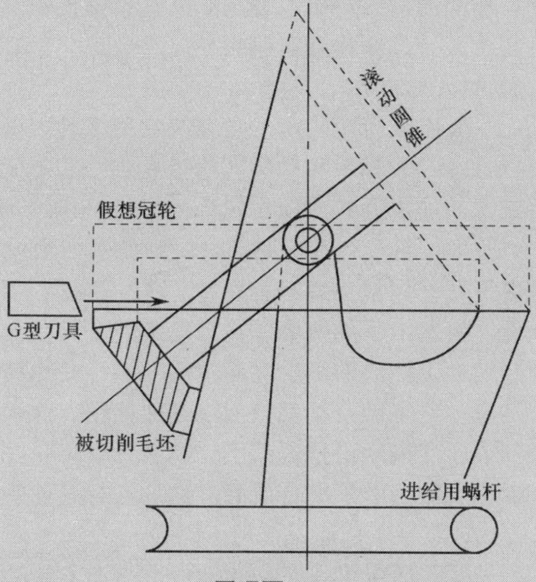

原理图

弧齿锥齿轮的齿加工

格里森方式的刀具

▲格里森式的弧齿锥齿轮切齿机

与直齿轮相应的斜齿轮的关系类似，来研究锥齿轮。事实上，相对于直齿锥齿轮，还有斜齿锥齿轮。但是，从切齿机的构造来看，其生产效率非常低。不过，能达到与直齿相同的效果的锥齿轮，则非弧齿锥齿轮莫属。而且，制作弧齿锥齿轮时有效率非常高的齿加工方法。

弧齿锥齿轮的齿加工方法有很多种。但在日本，大都采用称为“格里森式”的美国公司的加工方式。原本弧齿锥齿轮是与汽车产业大量生产有密切关系的一种零件。因此，也将其称为格里森系列，它包含了机械、刀具、齿加工后的研磨等一系列工艺，与其他方式加工而成的齿轮之间没有互换性。也就是说，一副锥齿轮就只能成副地使用。这种方式，严格地讲是近似值，就是一副齿轮在齿加工后，必须进行研磨。这一点与其他的方式或其他的齿轮是截然不同的。

可以把格里森方式的刀具，想象成变形的

面铣刀。一般来说，小刀具是一体式的，大刀具则是镶嵌式的。切削刃仍然是由直线构成的。

通过上面的照片，来看看格里森方式的原理。将齿加工的齿轮放置在与某个假想冠轮啮合的状态，形成一个刀具的切削刃好像要通过这个分度圆锥面。

将齿轮的毛坯变换角度，使之与分度圆锥角相一致。并且在与假想冠轮相啮合的状态下转动。刀具旋转时，这个安装轴整体也随着假想冠轮旋转轴的转动而转动。刀具从毛坯的顶端开始切削，并随着两方的假想啮合而进行转动，在与刀具的啮合点向根部移动的过程中，就完成了一个齿的切削加工。

当一个齿切削完成后，刀具与毛坯分离。毛坯的一个齿切削成形后，再进行下一个齿的切削加工。

▲上面是切削准双曲面齿轮中小齿轮的过程

蜗轮的齿加工

▲利用滚齿机进行的蜗轮齿加工

蜗轮的齿加工一般是利用滚齿机来进行的。在这种情况下，滚刀的压力角、齿距、齿厚等条件要与蜗轮完全相同。而且，要采用使蜗杆与蜗轮相啮合的进刀方式进行齿加工。

滚齿机上，一般是将滚刀沿齿轮的轴向进刀。但是蜗轮的齿加工方法与这个不同。在使用滚齿机加工蜗轮时，是先将滚刀在离加工毛坯有一定距离处对准正确位置，然后再进行与蜗杆啮合的展成运动，同时逐渐沿已确定的中心距离进刀，这是“半径方向进刀”。

与此相对的是，将滚刀沿轴线方向即沿蜗轮的切线方向，在规定啮合深度的位置进刀，这种进刀方法是“切线方向进刀”。当蜗杆的导程较大时，“半径方向进刀”的方式会将齿廓的一部分切削掉。而“切线方向进刀”的方式与蜗杆上的螺旋进刀方式相同。所以采用“切线方向进刀”的方式加工导程较大的蜗轮时，就不必担心出现上面的情况。

在小量生产时，有时会将 1 把车刀安在刀杆上，代替价格昂贵的滚刀来使用。这种车刀称为“跳舞的铣刀（刀具）”。

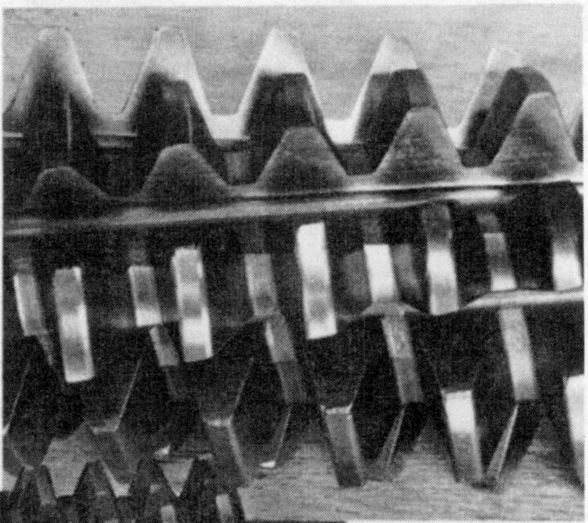

▲蜗轮齿加工用的滚刀

蜗杆的齿加工

蜗杆虽然被称为齿轮，但其外形却像螺纹。可以将其想象成用渐开线齿廓代替梯形螺纹的零件。但是从用模数来代替螺纹的螺距这一点来看，它仍然是齿轮。

蜗杆的加工方法有两种。一种方法是，同螺纹一样，用车床切削加工。它的原理与攻螺纹相同，但必须把模数换算成齿距（导程）。要这样做，还需要使用细小的变速齿轮，且无法利用对开螺母啮合来驱动，所以全部都要用反转的方式返回。多头蜗杆与多线螺纹类似。就如同攻螺纹一样，加工不同的螺纹时车刀是不能共用的，因此每种模数都有专用的车刀。

另一种蜗杆的加工方法是用铣床进行的螺旋槽加工法。这种方法是工作台在进给的同时，慢慢旋转被切削毛坯。它使用的刀具是渐开线铣刀。还有根据蜗杆的导程确定变速齿轮；导程角与铣刀倾斜度一致；被切削毛坯与铣刀圆心的重合方法等各种各样的参数内容。

但是，在专业工厂通常是利用渐开线铣刀，使用专业机械加工。

而且，多头蜗杆也可以用滚齿机来加工。斜齿轮的齿线倾斜度很大，所以加工时也可以使用类似设备。如果加工单头蜗杆，工作台相对于滚刀必须旋转地更快。因此，在加工单头蜗杆时，一般不能使用滚齿机。

蜗杆用的刀具

根据模数的大小，用于蜗杆切削的车刀

▲用于蜗杆加工的滚齿机，刀具轴的倾斜角度与导程角相一致

▲用车床切削蜗杆

剃齿

▲剃齿刀

所谓剃齿（shaving）是“剃胡须”的意思。剃齿时，使用的是名为剃齿刀的刀具。既然它是刀具，那么还是可以切削，但是在齿加工时，它不是像铣刀那样切削，而是像剃胡须那样，是很轻地剃着齿面进行切削，是一种精加工的方法。

剃齿刀是如上面照片所示的刀具。照片中齿轮的齿面上，沿齿廓（在齿线相交的方向）切削很多细小的槽。这些槽是切削刃。它是像槽的切削面，因为切削量非常小，

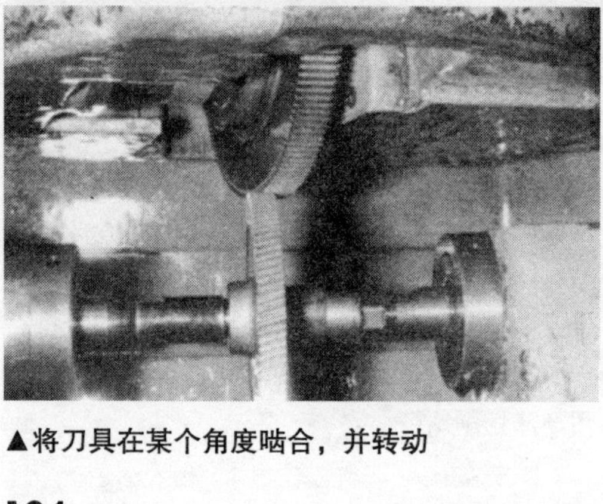

▲将刀具在某个角度啮合，并转动

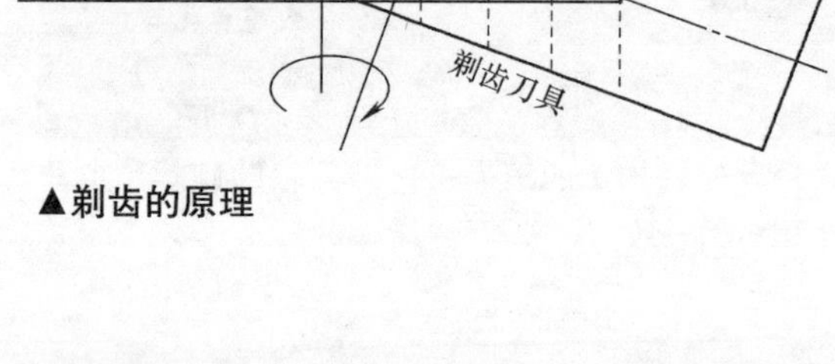

▲剃齿的原理

所以没有设计后角。因此切削刃的磨损少，刀具的精度能保持较长时间。

剃齿时，使这个刀具的切削刃与进行齿加工的齿轮以某个角度进行啮合，然后再旋转其中一方，于是刀具和齿轮的轮齿产生滑动，沿齿线方向进刀并切削。加工小齿轮时，转动刀具；加工大齿轮时，则转动齿轮。

现在，来对剃齿产生滑动的原理进行说明。如图所示，刀具和齿轮是在某个角度啮合。在这个状态下，啮合的 *A* 点，由于旋转移动到 *B* 点，这样，齿轮方就偏移到 *C* 点。这个 *B* 点 ~ *C* 点之间的距离就是向齿线方向滑动。

刀具的切削刃应该是向旋转方向和这个滑动的方向的合成方向前进，即切削刃是向此方向进行切削。这样，剃齿并不是像齿加工那样使两方旋转，进行强制性展成运动，而是根据齿轮的啮合，转动一方，使之互相旋转，同时进行非常微小的切削，从而加工成正确的齿廓。

剃齿的进刀方向有三种。第 1 种是齿轮的轴向。由于这种方式不论齿宽有多宽，都不会有障碍，所以使用范围最广。

第 2 种是相对于齿轮轴的垂直方向。这种方法在啮合状态下，刀具的齿宽受齿宽覆盖范围的限制。不过它的进给量是第 1 种方法的几分之一，所以加工时间短。

第 3 种是在以上两种方向的中间位置，沿倾斜方向进刀。

第 3 种方法也像第 2 种方法那样，在齿宽上有限制，但是它比第 1 种方法的加工时间要短，比第 2 种方法要适用于较大的齿宽。

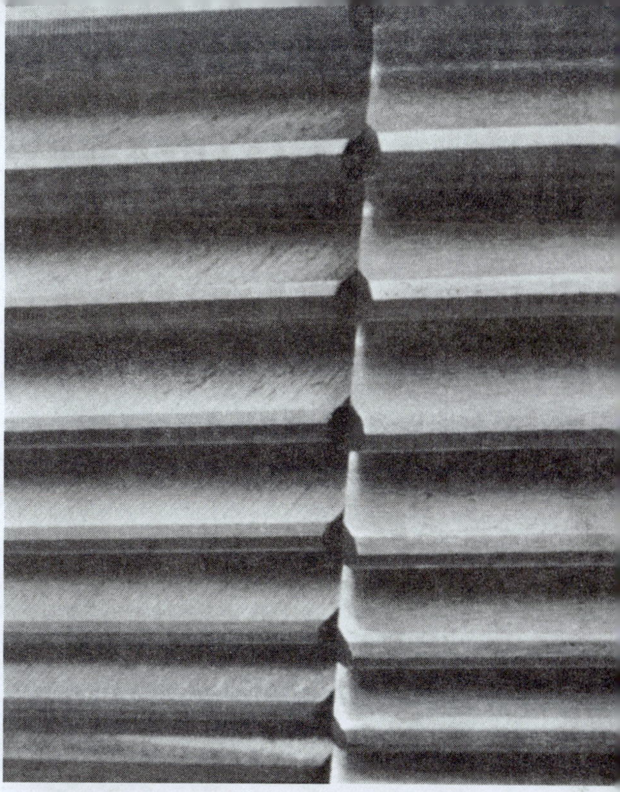

▲左侧是已剃齿的齿面，可清楚看到切削刃的痕迹

剃齿刀除了小齿轮的形状以外，也有齿条形的。

它的加工量是 0.02 ~ 0.05mm。

▲切削时有很多切削液飞溅出来

齿面的磨削

精度要求高的齿轮，就必须进行齿面的磨削精加工。在这里，有使用成形砂轮进行的成形磨削和展成磨削两种方式，与齿加工的情况相同。

成形砂轮的磨削与成形刀具的切削是相同的。它是使用齿槽形状的砂轮，在齿面一次性磨削成形的加工方式，只要有切削装置就可以，不需要复杂的展成结构。所以它的机械结构很简单，效率高。但仅限于小型零件的大量生产。

现在一般进行磨削的零件，大部分都采用的是展成磨削。展成磨削也有各种各样的方法。

应用最广的代表是马格公司的方式。它是由两片盘子状的砂轮沿某个假想的分度圆

马格式

薄板相当于描绘渐开线曲线时的细线，与圆销贴在一起。将这个薄板卷起，沿基圆运动时，从外侧描绘出渐开线曲线。

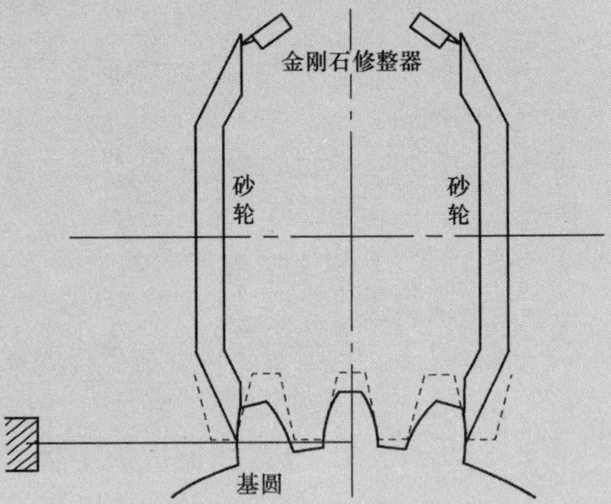

滚动，逐个磨削齿轮轮齿两面的磨削方式。这里将砂轮当做齿条的齿，与滚动的小齿轮齿面啮合。

赖斯哈维尔公司的方式，是把砂轮做成蜗轮形状，放置关系同滚齿机的滚刀和被切削齿轮，并进行齿面的磨削的一种加工方式。成形砂轮需要复杂的设备，但是这种方式的效率很高。

奈尔斯公司的方式，是使用两面有锥度的砂轮，将这两个侧面当做齿条的齿，被切削齿轮与“这个”齿条进行啮合运动，从而用展成法加工出齿廓。这种加工方式在比马格公司的方式操作简单，多种类小批量生产时常采用这种方式。此外，此种方式如果使用磨削液，就可以进行强力磨削。

磨削量根据不同的模数是各有不同的，但渗碳处理的零件磨削量范围一般大概是从 $m2$ 的 0.14mm 到 $m24$ 的 0.34mm。

普通齿加工在磨削后会有阶梯形，所以进行磨削精加工的齿轮，在上道工序的齿加工时，镗出的齿根部分会留有磨削量。

赖斯哈维尔式

被切削齿轮的左侧是砂轮，其原理与滚齿机相同。砂轮如照片所示，其形状为与齿廓对称形状的蜗轮状，将其放入横槽里，则变为滚刀

滚轧成形

▲第 3 种方式使用在上面的齿轮滚轧机上

有一种方法叫做“滚轧成形”。它是用冲模挤压毛坯，加工成所需形状的方法。使用专业术语称呼，可以称它为“塑性变形”或“塑性加工”。因为没有丢弃的边角余料部分，所以这种加工方式很经济。螺栓、小螺钉等批量产品大部分都是采用滚轧成形的方法。有时也用在齿轮加工上。

齿轮的滚轧成形有很多种方式。

第 1 种是对加工后留有加工余量的齿的零件，进行精加工。它是滚轧轧辊旋转，同时挤压被加工零件上的一种方式。

第 2 种方式是，采用这种精加工的方法，从毛坯直接加工成齿轮。但这种方法仅限于用来加工模数小、精度低的零件。

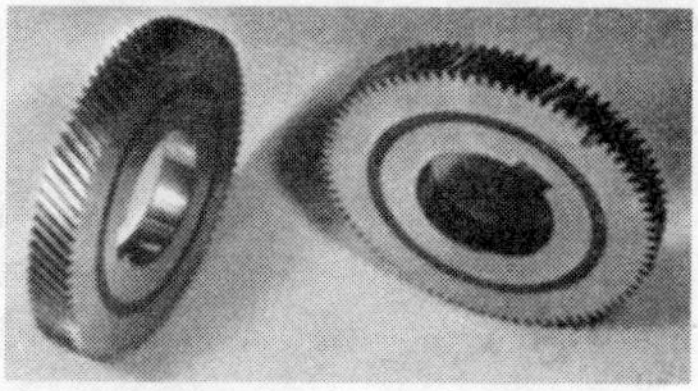

▲使用在第 1 种方式上的滚轧轧辊

第 3 种方式是，先用辊模加工出长棒状的齿轮，然后将这个长棒状齿轮按所需尺寸切断，再通过安装轴毂、轴，加工轴孔等二次加工，制造出成品的加工方法。如果是布式硬度 Hb180㊀以下的材料，可以加工出最大模数为 3.5mm 的零件。齿数少时，可以用 38mm/min 的速度输送。所以它是效率非常高的一种加工方法。

▲上面是齿轮滚轧机的内部。上下两个辊模，在做行星运动的同时，滚轧原材料，将齿一个一个地成形。原材料离开辊模时，切削出齿数。这种方式与第一种方式不同，滚轧轧辊只有 1 齿。照片右边的是已完成加工的齿轮，将其按所需齿厚用切断，则成为一个个齿轮

㊀ 相当于 180HBW。——译者注

锻造

▲右侧的原材料经过两次锻造后，成了左侧的成品

▲装夹在左侧的夹具上，右图是其背面，用于车削孔等

▲锻造齿面可直接使用（汽车的差动齿轮）

利用前面一页所提到的滚轧成形或这一页所提到的锻造方式来成形原材料的优点是，没有像切削加工那样切断金属的纤维组织，而是沿齿面流动，所以加工出来的零件强度大，热处理变形少，耐磨损性也大。

虽说是齿轮的锻造，但从锻造加工方法的特征来看，实际应用最多的是锥齿轮。

左侧的照片是毛坯与成品的并列放置对比。一般的锥齿轮，会同本书第 102 页所描述的过程，从圆棒状的原材料制作成毛坯，然后再进行齿加工。而锻造毛坯，则是采用锻造的方式，直接从圆棒状原材料一步加工到位，成形加工出齿廓，再根据齿轮基准将这个齿轮固定在凹形的夹具上，对轴孔、轴、背面、端面等进行机械（切削）加工。

如果对这两种方法的加工速度进行比较，仅在齿的成形工序，锻造就要快 10 倍左右，将前后机械加工综合统计整体来看，锻造方式速度要快 3 倍左右，而且原材料重量只需要另一种方式的 60%。但是，由于模具制作费用的关系，如生产量达不到一定的数量，锻造方式就显示不出以上的优点。锻造成形的零件，精度可以达到 2 级标准，直径可到达 ϕ180mm，模数可达到 10mm。

锻造方式最大的问题是发生锈蚀（氧化膜）。一般是在从加热后到锻造成形的工艺中，将其控制在最小限度内，后期再做防锈处理。左面照片里的零件是汽车用的差动齿轮。

其他制作方法

铸造

▲削铅笔用的压铸齿轮

冲压

▲钟表上使用的直齿轮

虽说是齿轮，但是也有一些类似如圆销或圆锥类的零件，在精度上的要求并不是很高。它们的代表是铸造齿轮。

有些零件在铸造成形后，并不对铸皮进行处理，而是直接使用。而铸造的零件里，也有“压铸”成形的零件。压铸成形的外观上比普通的铸造成形要好一些。

直齿轮是使用在钟表等物品上的零件，传递的动力很小，所以它一般是用板材直接冲压成形。

在模型赛车上使用的半轴齿轮，则是先利用冲压成形的方式落料，再通过冲压方式弯曲加工齿的部分。小齿轮就是采用拉拔方法用线材成形加工出齿，再按长短尺寸切断制作而成的。

有些内齿轮的齿则是使用拉削加工方式一次切削而成。

有些齿轮采用的是将金属粉末装入模具中压缩成形，即用粉末冶金的方式烧结而成。因为要通过模具成形，所以粉末冶金的缺陷是不能制作大型的零件，零件强度也小。

拉拔

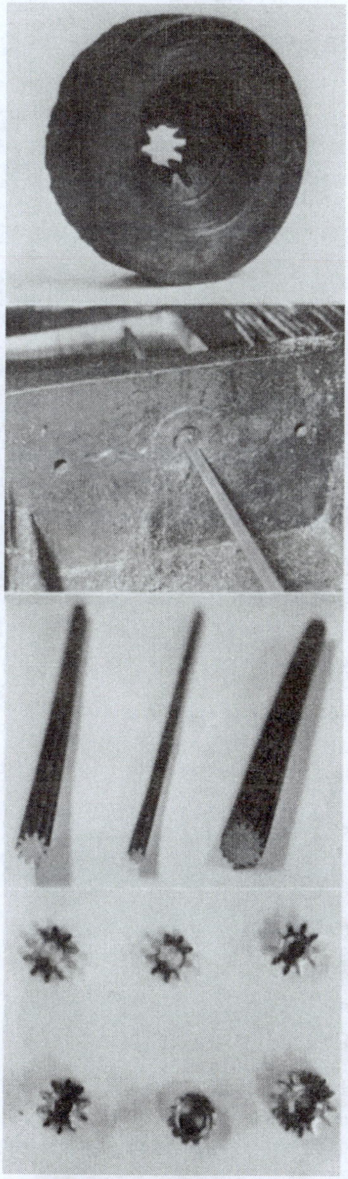

▲拉拔线材再切成圆片

拉削

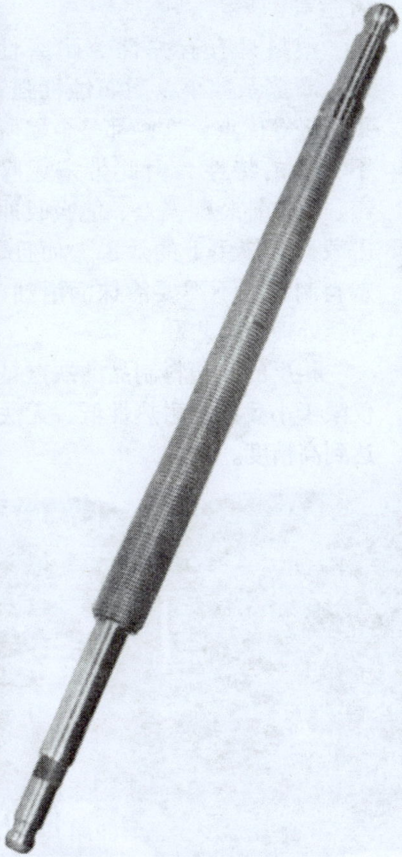

▲采用拉削方式加工内齿轮

粉末冶金

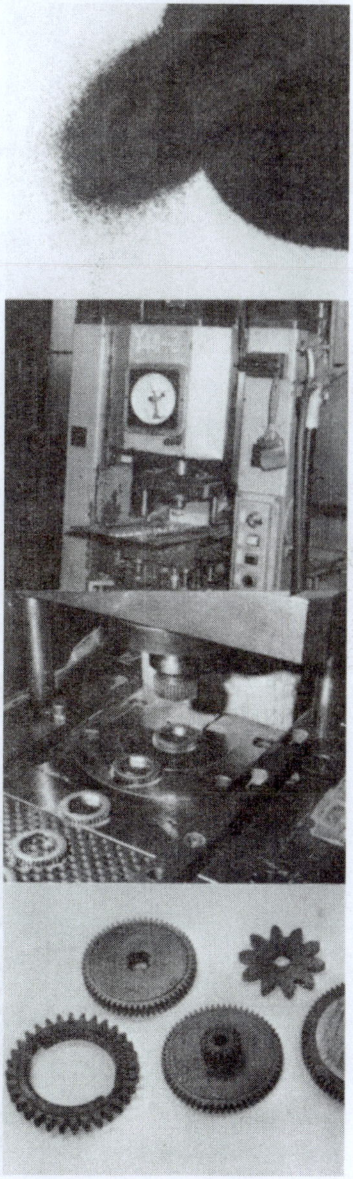

▲粉末材料成形加热烧结

齿轮的

轴、轴孔、螺纹等零件都用等级来表示，且对每个不同等级及每个等级内的各种不同尺寸，都规定了允许范围内的尺寸公差。齿轮的精度也与此相同。不过，齿轮还针对它用途中的特殊部分，规定了尺寸公差。

齿轮的精度，在 JIS B 1702 中有所规定。而圆柱齿轮是针对直齿轮来规定的。

齿轮的精度，针对①单个齿距偏差；②相邻齿距偏差；③齿距累积偏差；④法向齿距偏差；⑤齿廓偏差；⑥齿槽跳动；⑦螺旋线偏差等 7 个项目，规定了 0 ~ 8 级各个不同模数的公差范围。因此，就如同本书第 57 页制图里所讲，指定精度时，通常是用 JIS○级来表示。在规定 JIS 以外的特殊精度规格时，为了明确与这个规格的区别，其等级省略详细尺寸标注。

在这些项目里，关于齿距的偏差，指的是实际尺寸与正确尺寸、设计尺寸的偏差。但是，单个齿距偏差、相邻齿距偏差、齿距累积偏差这 3 个项目，是关于标准分度圆上的齿距偏差，所以实际很难测量。JIS B 1752㊀

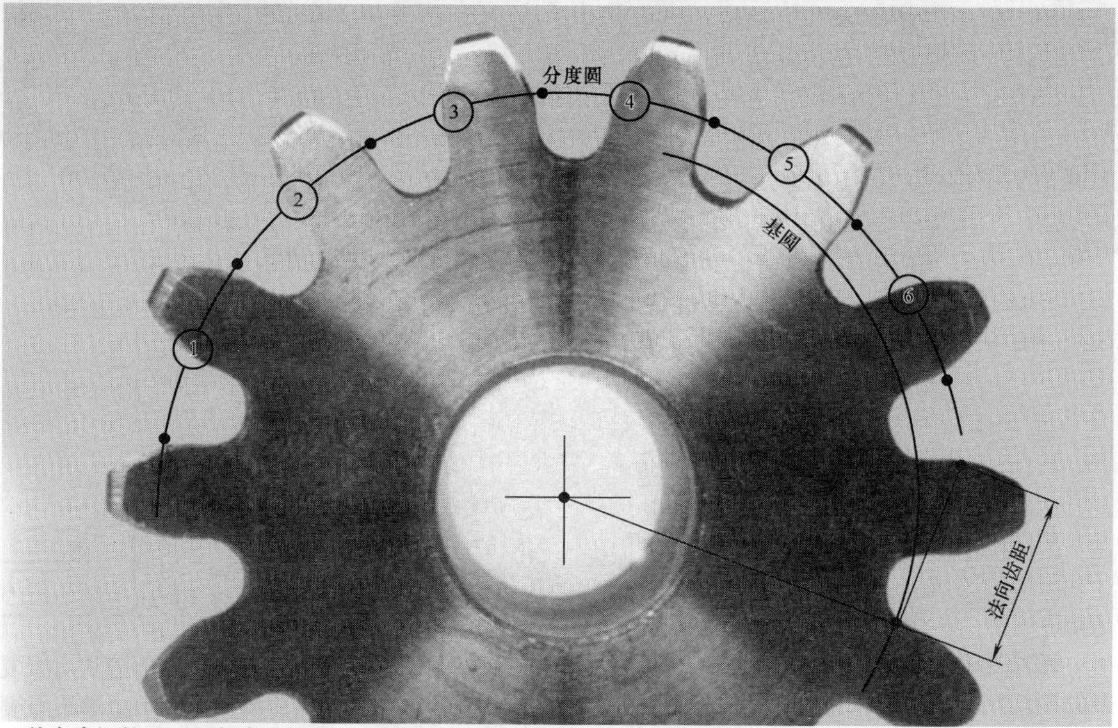

▲单个齿距偏差、相邻齿距偏差、齿距累积偏差、法向齿距偏差的说明

㊀ 对应中国标准为 GB/T 13924-2008。——译者注

精度

中，规定了它的测量方法，这些都是精密检验部门的工作。实际上，尺寸一般是通过齿厚的测量来进行的。可以说滚齿机或切削蜗轮的车床的操作者，也都是通过测量齿厚，来控制齿轮的精度。

在左侧照片中，①1 个齿距的偏差是“单个齿距偏差”。①和②、或者②和③之间的齿距偏差是“相邻齿距偏差”。③+④、与④+⑤的齿距相加（和）值的偏差是“齿距累积偏差”。

“法向齿距偏差”是利用测量仪器，用直线方式，直接测量法向线齿距，而其最大值就是最大偏差。这样测量，可以不用测量全周的数据，只要每隔 90° 连续测量 3 个齿距，就可以了。

大型齿轮或高速旋转用的齿轮，一般来说，大多数都采用“齿距累积偏差”来表示齿轮的精度。

而使用在各种机械上的齿轮所要求的精度，在 JIS 中都有参考使用的一览表（见下表）。

等级 使用齿轮	0	1	2	3	4	5	6	7	8
检查用标准齿轮	↔								
计量仪器用齿轮	←	—	—	—	→				
高速减速器用齿轮		←	→						
加速器用齿轮		←	→						
航空、飞机用齿轮		←	→						
电影放映机用齿轮		←	—	→					
印刷机用齿轮		←	—	—	→				
铁路车辆用齿轮		←	—	—	—	→			
加工设备用齿轮		←	—	—	—	—	→		
照相机用齿轮			←	—	→				
汽车用齿轮			←	—	—	→			
齿轮式液压泵用齿轮				←	→				
变速机用齿轮				←	—	→			
轧钢机用齿轮				←	—	→			
万能减速器用齿轮				←	—	—	→		
绞车用齿轮				←	—	—	→		
起重机用齿轮				←	—	—	→		
造纸机械用齿轮				←	—	—	→		
粉碎机用大型齿轮					←	—	→		
农用机用齿轮						←	→		
纺织机用齿轮						←	→		
旋转用大型齿轮						←	—	→	
凸轮设备用齿轮						←	—	→	
手动用齿轮								←	→
内齿轮（大型齿轮除外）					←	—	→		
大型内齿轮								←	→

▲根据使用齿轮的种类，所定精度的标准（JIS 等级）

齿廓偏差的测量

▲齿廓测量机及其测头部分

在 JIS 中，“齿廓偏差”的定义是以通过实际齿廓和分度圆的交点的正渐开线为基准，在其垂直方向，测量的齿廓检查范围内，正（+）偏差及负（–）偏差的和。而且，这个齿廓偏差指的是法向齿廓。

在这个定义里，所谓“齿廓检查范围”，指的是配对齿轮和啮合齿廓曲线的范围。即，因为并非整体的齿全部都与配对齿轮啮合。所以，它指的是除去齿顶部分和齿根部分后，实际运动的部分。

该照片是在齿廓测量中的实际状态。其测量结果用照片左下方的图表专用纸上显示出来。参看这个实例，**图 1** 是完全精加工的零件，如果它的齿廓准确，就会显示出这样的直线。但这种情况是极少见的，一般来说，最多可达到**图 2** 那样的程度。

图表横的一个刻度，是 2μm，即 0.002mm。

图表的下侧是齿顶，上侧是齿根，它测量的是齿的两侧。

齿廓的偏差，在测量值里取最大值（见**图 3**），它的测量点是，每隔 90° 取一个齿在齿宽的中点附近测量这个齿的两侧。

对有高精度要求的零件进行测量时，圆周方向应小于90°，齿宽方向应靠近两端，而且测量点要增加。

这里再对测量原理做进一步的接触。请看**图 4** 及左页上的照片。

正如本书第 28 页所讲述的那样，在某个圆柱上绕上细线，并在线的顶端绑上铅笔，将细线绷紧并缓慢移动，所描绘出来的就是渐开线曲线。用直尺代替细线，并将其在圆柱的周围滚动，这根直尺尖端描绘出的曲线也是渐开线曲线。如果将圆销粘贴在细线上，那它也就等同于直尺。

齿廓的测量，利用的是将直尺接触与被测齿轮的基圆相同的圆板，随着滚动圆板，或将直尺朝向个方向移动，其得出结果的原理相同。也就是说，在与圆板同轴处安装齿轮，同时在直尺上安装测头，使测头与被测齿轮的齿面相接触。

此结构如**图 4** 所示。使直尺做直线运动（通过手柄或螺纹使之运动），与之相接触的基圆滚动＝齿轮转动，测头从齿顶侧移动至齿根侧。此时，齿廓如果不是准确的渐开线曲线，测头会在其正负（+–）偏差内跳动。将这个跳动扩大化后，记录在记录用纸上，就是被测齿轮的齿廓。

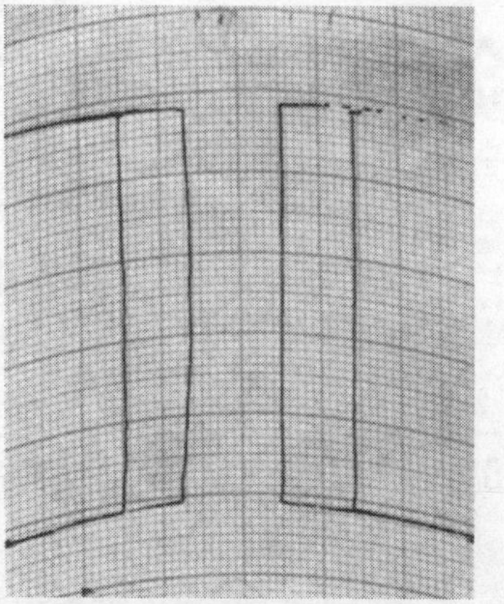

图 1　完全精加工的齿轮

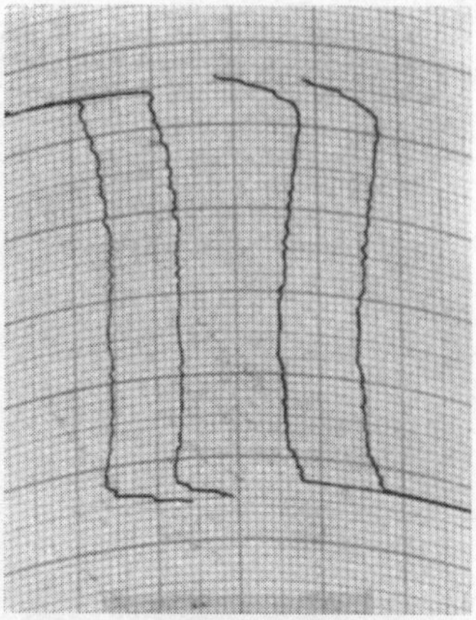

图 2　齿轮齿廓一般只达到以上程度

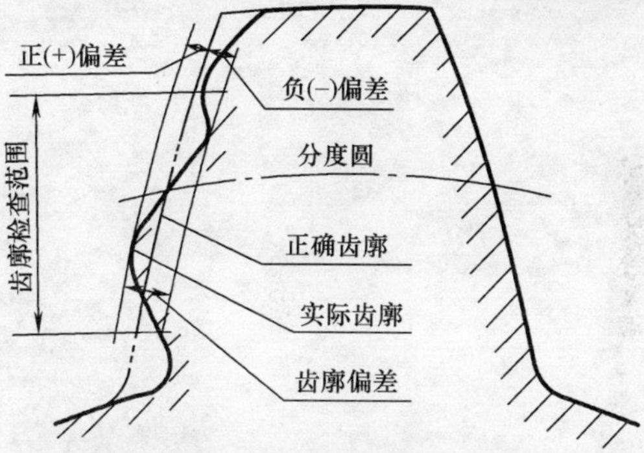

图 3　测量值的量取方法

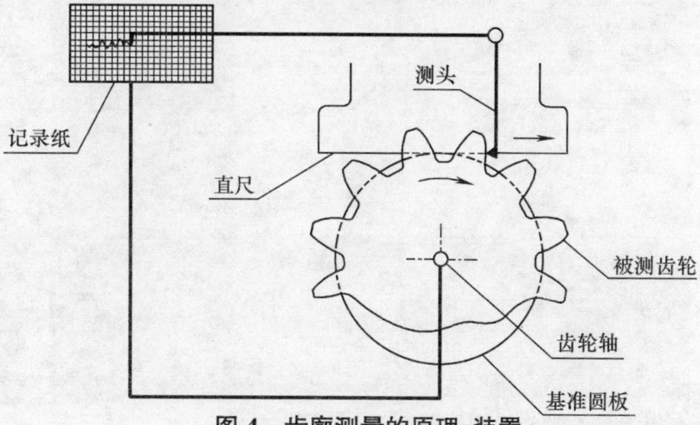

图 4　齿廓测量的原理·装置

螺旋线偏差的测量

▲斜齿轮的螺旋线测量和测头

螺旋线偏差在JIS上的定义是：分度圆柱上，相对于必要检查范围内的齿宽，实际螺旋线和设计螺旋线的差。而且，它一般是用“分度圆柱上的尺寸”来表示。

在齿轮的精度里，这个“螺旋线偏差”与其他的项目一样，不会依据模数、分度圆直径而有所区别。但它根据不同的齿宽，却是有区别的。对这一点，只要想想其中的原理，就会明白。

问题是斜齿轮的螺旋线测量。直齿圆柱齿轮螺旋线的重要度与其他种类的齿轮相同，它的螺旋线测量也没有什么问题，只要将测头向轴方向移动就可以测量出来。但是，如果测量斜齿轮的螺旋线，就不能采用这种方法。因为它必须在将测头向轴方向移动的同时，还要根据这个齿的螺旋角来旋转齿轮。

所以斜齿轮的螺旋线测量有两种方式。

1. 比较测量法：准备一个正确螺旋线的标准齿轮或导程的量规，将它与被测齿轮同轴装夹。并且，在标准齿轮一端安装固定接触端子，测头接触被测齿轮，将两个夹具向轴方向进给，固定触头使引导齿轮旋转，此时测头开始运动进行测量。

2. 螺旋线展成法：将安装在测量仪器上的齿轮转动，移动测头，测量分度圆柱上理论螺旋线的相当轴方向距离的齿轮。此种情况下，计算的是相当于齿轮螺旋角的移动量。测量仪器由与齿轮同轴的基准圆板、直尺、正弦规组成。正弦规是与齿轮螺旋角一致，带动测头的部件，而基准圆板和直尺则是随处可见的东西。因此它们也用于齿廓测量。

齿廓测量时，旋转齿轮，将测头向齿高方向移动。而螺旋线测量时，则是将测头向螺旋线方向移动。正因为如此，现在使用的测量仪器，测头可以向两个方向移动，既可以测齿廓，也可以测螺旋线。

上述测量方法中，测头移动的基准，使用的是齿轮的基圆和同直径的基准圆板，所以它与渐开线曲线的展成原理是相同。所以，把这个测量方法称为展成法。

照片中的测量仪器与齿廓测量的照片中的仪器是相同的。所以，可以看到相同的图表。图表上显示的是质量一般的齿轮，如果螺旋线正确，则与齿廓的标准一样，打印出的图表为直线。

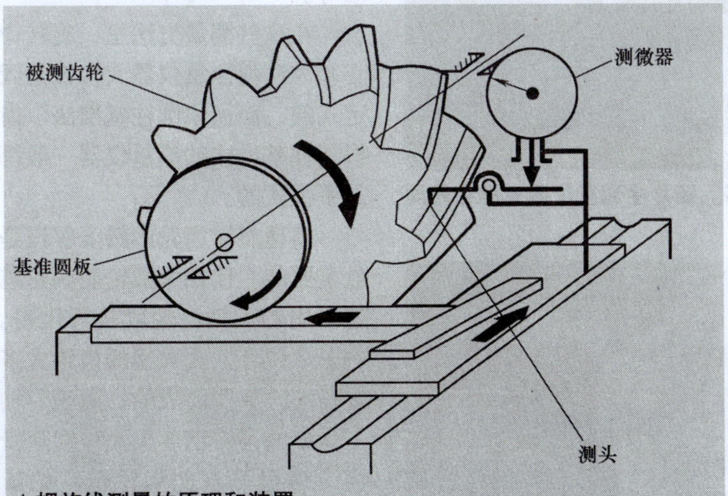

▲螺旋线测量的原理和装置

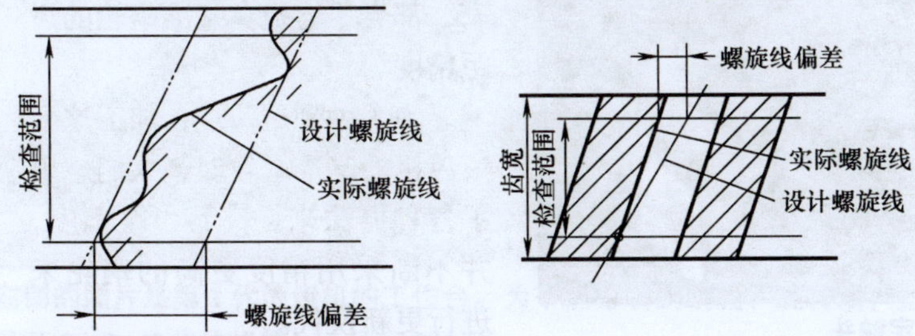

▲检查范围和螺旋线偏差的取得方法

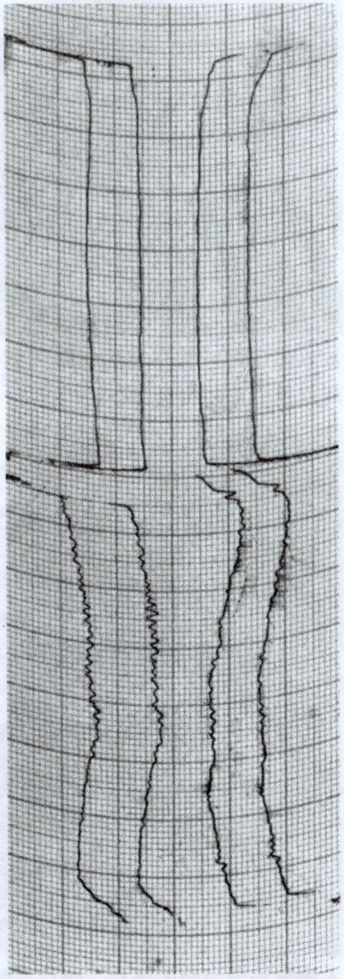
▲好的齿轮和不好的齿轮的测量值

弦齿厚的测量

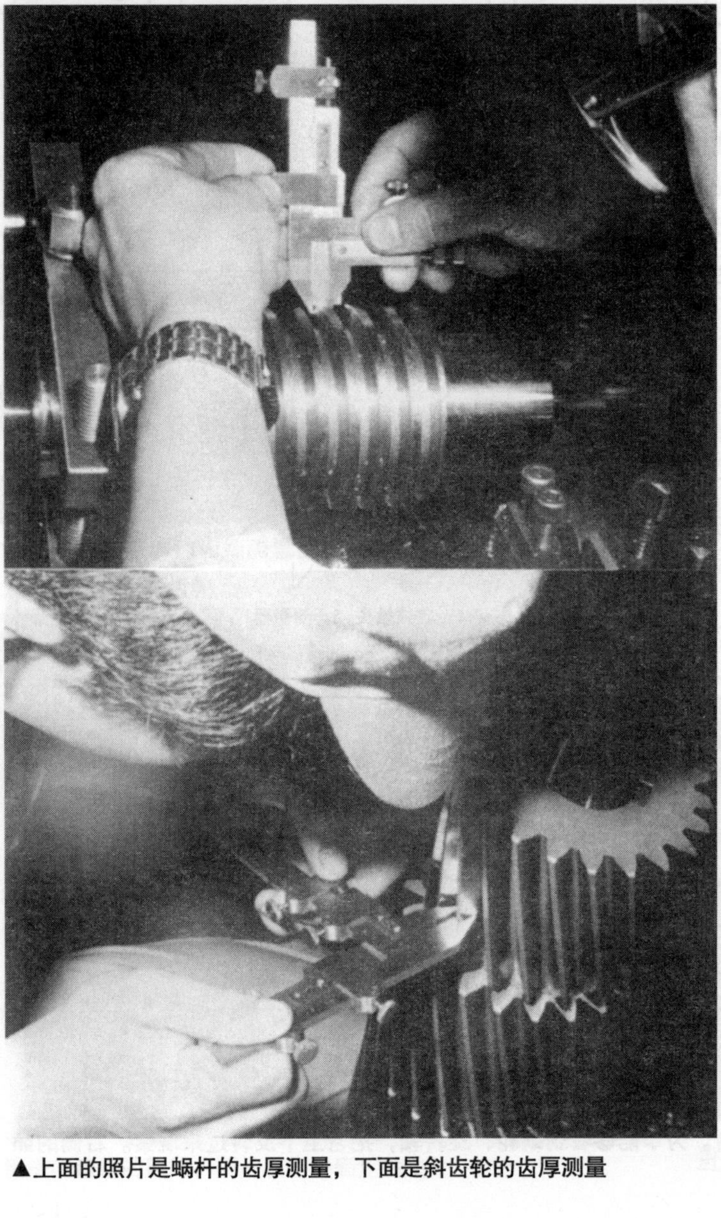

▲上面的照片是蜗杆的齿厚测量，下面是斜齿轮的齿厚测量

齿轮的测量方法里有一个“齿厚”的测量，但JIS中所规定的齿轮精度里没有齿厚这个项目。但是在齿轮制造的精度中，由于齿厚测量的测量仪器很便宜，而且测量方法也很简单，所以齿厚测量在实际在工作中被广泛应用。

在齿厚的测量里，所谓“弦齿厚”的测量，一般使用的是被称为“齿厚游标卡尺”的测量仪器测量。作为测量仪器，JIS规格中对“齿厚游标卡尺”有具体规定。

弦齿厚的测量如图中所示，即它是测量分度圆的齿厚。针对分度圆上圆弧的长度，在其表示为分度圆上弦的长度。在图样中，

$\bar{h}$——弦齿高

$\bar{s}$——弦齿厚

d_a——齿顶圆直径

d——分度圆直径

从图中可以了解到，弦齿厚是以齿顶圆为基准。因此，对于大型齿轮齿顶圆直径很难精确测量，测量弦齿厚时很容易出现误差。与此相反，齿距极其小的齿轮，由于测量仪器的尖端无法放入齿槽，所以它的弦齿厚也不能测量。此外，这种测量方法还有一个缺点，那就是因为测量仪器的尖端要经常与被测面上的点相接触，所以测量仪器很容易磨损。

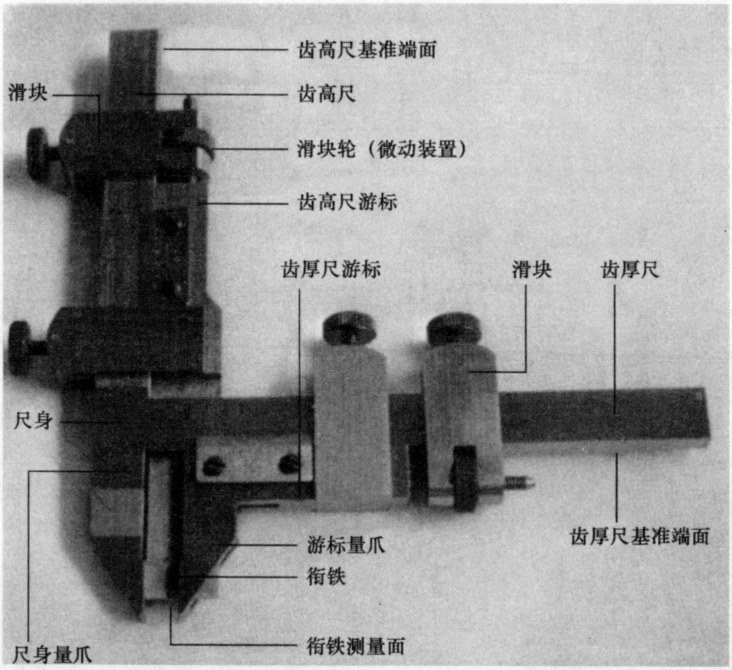

▲齿厚游标卡尺各部位的名称

为了测量弦齿厚，需要各种尺寸，除了图样上的数值以外，其他的还要根据模数、齿数、压力角、变位系数等来计算得出。本页右表是转载JIS上模数 m=1mm 的标准圆柱齿轮（变位系数为 0）的数值。m=1mm 以外的齿轮，只要将表中的数值乘以模数 m 就可以了。

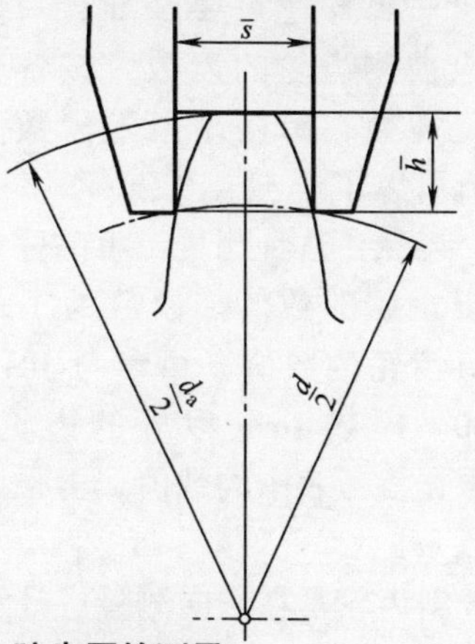

▲弦齿厚的测量

对于斜齿轮，测量的是法平面。最终得出数值的系数会有变化。

齿厚游标卡尺的使用方法同普通游标卡尺一样，在这里只简单说明其使用顺序。

① 首先，将主尺的量爪与游标的量爪相重合，确认齿厚尺的 0 点。量爪的尖端部分非常容易磨损，所以在测量时，请特别注意这一点。

② 将齿高尺的定位尺与弦齿高相重合。用紧固螺钉固定滑块，利用微动螺母调整齿高尺游标，与游标刻度相重合后，再用游标的紧固螺钉进行固定。

③ 定位尺的测量面接触齿轮齿顶圆（外周），再用微动螺母调整齿厚尺游标，游标量爪的测量面接触到齿面时，通过游标刻度读出此时的尺寸。调整齿厚尺游标的方法与调整齿高尺游标的方法相同。

使用齿厚游标卡尺测量时，测量点是齿轮圆周上每隔 90° 的齿宽中点。

▼m=1mm 的标准齿轮的 $\bar{h}$ 和 $\bar{s}$

齿数	$\bar{h}$/mm	$\bar{s}$/mm
12	1.0513	1.5663
13	1.0474	1.5670
14	1.0440	1.5675
15	1.0411	1.5679
16	1.0385	1.5683
17	1.0363	1.5686
18	1.0342	1.5688
19	1.0324	1.5690
20	1.0308	1.5692
22	1.0280	1.5695
24	1.0257	1.5697
26	1.0237	1.5698
28	1.0219	1.5700
30	1.0206	1.5701
35	1.0176	1.5703
40	1.0154	1.5704
45	1.0137	1.5705
50	1.0123	1.5705
60	1.0103	1.5706
70	1.0088	1.5706
80	1.0077	1.5707
90	1.0069	1.5707
100	1.0062	1.5707
120	1.0051	1.5708
150	1.0041	1.5708
200	1.0031	1.5708

公法线长度的测量

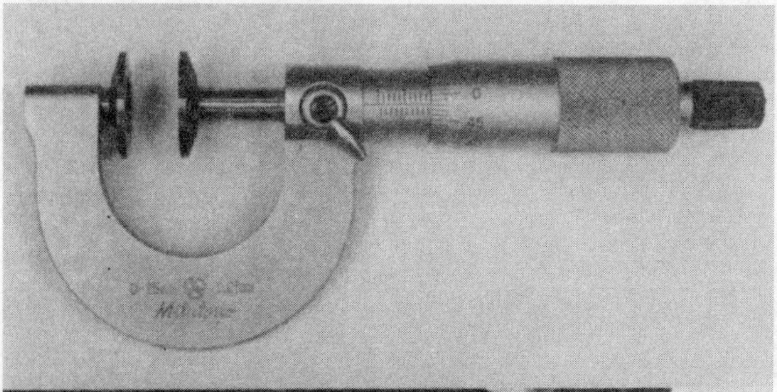

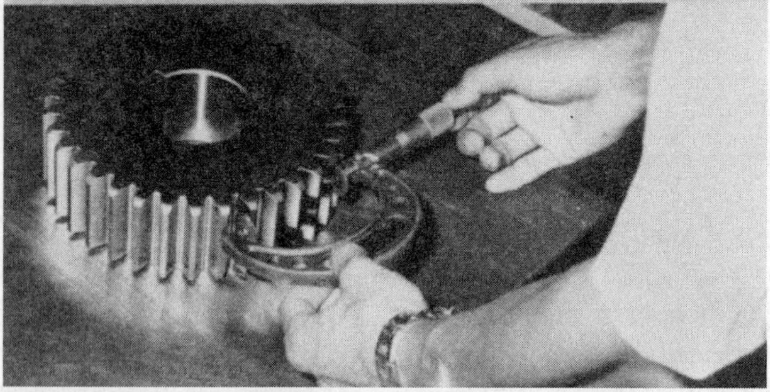

▲用公法线千分尺测量直齿轮

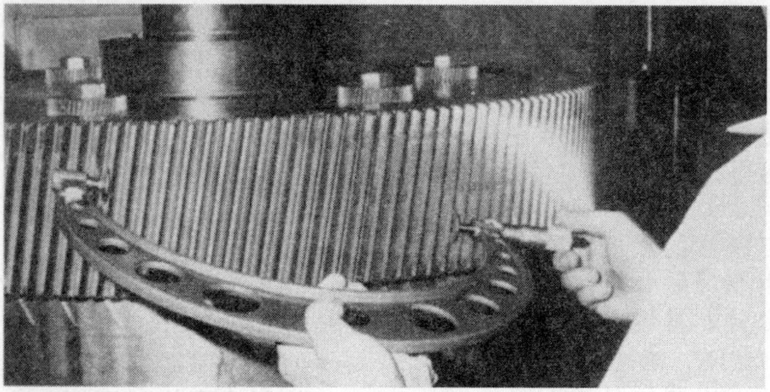

▲在斜齿轮法向测量

这种测量方法是利用平行的平面夹紧几个齿进行测量。将这几个齿的长度称为公法线长度。

测量时使用的是名为“公法线千分尺”的测量仪器。既然说的是“平行的平面”，那么对于普通的千分尺测量仪器，测头还是不能放入小齿轮的齿槽。在这种情况下，就必须使用照片中那样的专用测量仪器。而公法线千分尺与一般的外径千分尺是有区别的，它的测头、测量轴的顶端可以装夹各种各样的圆板(disk)。外径千分尺的测量范围变大，则这个圆板的直径也随之变大。

这种测量方法不像其他的测量法那样还需要基准，只要对应被测齿轮的齿数，按各种规定齿数，跨两个以上齿数测量就可以了。

当然，这种测量，事前要计算出正确的数值。模数为 1mm 的直齿轮的数值，可参考 JIS B 1700。模数 1mm 以外的齿轮，可根据参考表中的数值，再乘以模数 m。

斜齿轮是在法向测量，计算公式也与上述方法不同。

使用这种方法跨齿测量时，即使测量仪器的平行面夹紧角度有倾斜，由于渐开线曲线的关系，最终测量出来的数值还是相同的。

还有一种指示表和卡尺组合使用的测量仪器。使用这种测量仪器，在测量小齿轮时指示可以单手操作，使用非常方便。

它的测量点也是齿轮圆周上每隔 90° 左右，测量齿宽的中点处。

公法线的测量还有一种滚柱测量法。这种方法就是在相对于圆柱齿轮的直径上的齿槽（偶数齿）里放入各种圆销，然后测量其外侧尺寸（内齿轮，则是内侧尺寸），求得齿厚。

斜齿轮应使用滚珠来替代圆销，进行测量。

奇数齿则是利用相对侧的齿旁边的齿槽进行测量。

测量点是直角相交的两处位置。

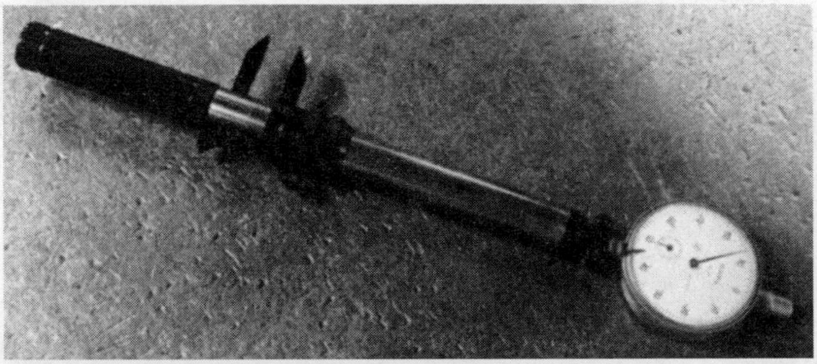

▲指示表和卡尺相组合的齿厚测量仪器

▲可以用单手操作，非常方便

▼ m=1mm 的标准齿轮的公法线长度的数值

齿数	压力角 20°		压力角 14.5°	
	跨齿数	公法线长度	跨齿数	公法线长度
6	2	4.5122	2	4.5945
7	2	4.5262	2	4.5999
8	2	4.5402	2	4.6052
9	2	4.5542	2	4.6106
10	2	4.5683	2	4.6160
11	2	4.5823	2	4.6213
12	2	4.5963	2	4.6267
13	2	4.6103	2	4.6321
14	2	4.6243	2	4.6374
15	2	4.6383	2	4.6428
16	2	4.6523	2	4.6482
17	2	4.6663	2	4.6536
18	3	7.6324	2	4.6589
19	3	7.6464	2	4.6643
20	3	7.6604	2	4.6697
21	3	7.6744	2	4.6750
22	3	7.6884	2	4.6804
23	3	7.7025	2	4.6858
24	3	7.7165	2	4.6911
25	3	7.7305	3	7.7380
26	3	7.7445	3	7.7434
27	4	10.7106	3	7.7488
28	4	10.7246	3	7.7541
29	4	10.7386	3	7.7595
30	4	10.7526	3	7.7649
31	4	10.7666	3	7.7702
32	4	10.7806	3	7.7756
33	4	10.7946	3	7.7810
34	4	10.8086	3	7.7863
35	4	10.8227	3	7.7917
36	5	13.7888	3	7.7971
37	5	13.8028	4	10.8440
38	5	13.8168	4	10.8493
39	5	13.8308	4	10.8547
40	5	13.8448	4	10.8601
41	5	13.8588	4	10.8654
42	5	13.8728	4	10.8708
43	5	13.8868	4	10.8762
44	5	13.9008	4	10.8816
45	6	16.8670	4	10.8869
46	6	16.8810	4	10.8923
47	6	16.8950	4	10.8977
48	6	16.9090	4	10.9030
49	6	16.9230	4	10.9084
50	6	16.9370	5	13.9553
51	6	16.9510	5	13.9607
52	6	16.9650	5	13.9660
53	6	16.9790	5	13.9714
54	7	19.9452	5	13.9768
55	7	19.9592	5	13.9821
56	7	19.9732	5	13.9875
57	7	19.9872	5	13.9929
58	7	20.0012	5	13.9982
59	7	20.0152	5	14.0036

径向跳动的测量

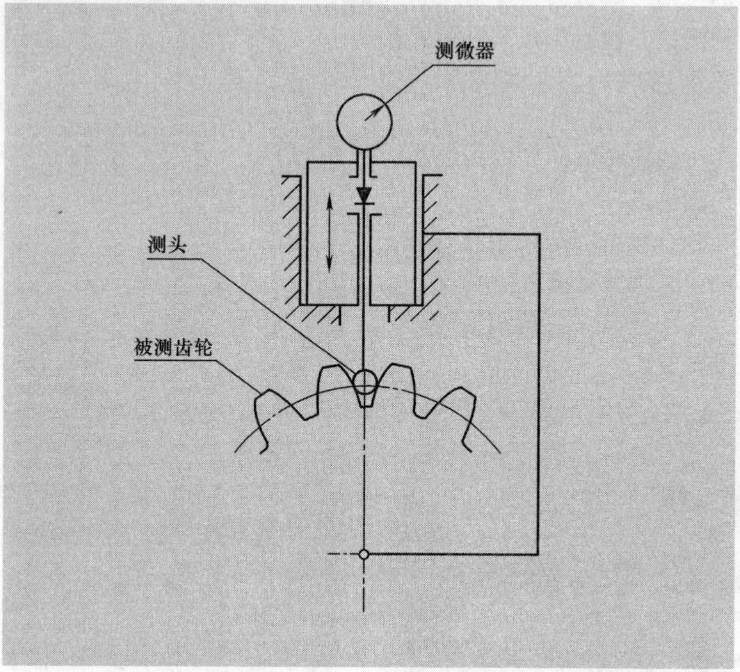

JIS中“径向跳动”的定义为：将滚珠或圆销等接触物放在分度圆附近，使之接触齿槽的两侧齿面时半径方向位置的最大差值。

所谓径向跳动，是很难让人理解的一个概念。如果换成“齿轮的偏心”大家就应该容易理解些。相对于轴心，齿到底偏心了多少，这是必须要测量和考虑的。但是，车床加工等方面的偏心，只需读出测量仪器（指示表）的读数的一半，而齿槽的径向跳动则是照搬测量仪器的读数。正如文字表面的意思那样，它是齿槽相对于轴心的径向跳动。

严格地讲，径向跳动与齿槽的跳动是不一样的。因为是用齿轮的偏心来表现这一概念，所以说齿的跳动要准确一些。但是，从测量的难易度来考虑，利用齿槽来测量当然要容易些。

径向跳动，当然并不是单纯的齿跳动，齿距、压力角、齿廓等的误差也对它有影响。因此，不管是什么原因，只要齿槽出现了跳动，则可以肯定是哪个环节出现了误差。

从这个意义上来说，“径向跳动”的测量是很方便的。其优点在于：径向跳动的测量仪器与其他测量的仪器相比，结构要简单很多。

径向跳动测量时，圆柱齿轮使用的是圆销，因为这样可以测量整体齿宽。但是斜齿轮使用圆销不太稳定。所以斜齿轮测量时，则使用滚珠。

而且，滚珠或圆销的直径，应可将其可放在被测齿槽的分度圆附近为宜。

啮合试验

到目前为止，本书所说的齿轮精度或其测量，都讲的是一个齿轮的单独精度及对一个齿轮的测量。本章所阐述的“啮合试验”，则是将这个齿轮，与配对齿轮或标准齿轮啮合并旋转，以此来观察齿轮的“啮合状态”的一种试验。

因此，这项测量试验是无法得知齿轮的精度，它是一项让齿轮试着啮合旋转的试验。

换句话讲，即使单个齿轮的精度不太好，但如果啮合精度好，也不妨碍其使用。

使一副齿轮无侧隙啮合，再检查其中心距离的变化，这就是“两齿面啮合试验法”。

根据这个方法，齿槽的绝对跳动量可以直接指示出来。但是，因为它与实际使用的状态有所不同，所以无法通过该项试验得知振动、噪声、旋转角度传递误差等内容。

而“一齿面单齿面啮合试验法”则没有这个缺点。这个试验方法是最近才开发出来的，其原理非常复杂，在这里就不详细介绍了。

▲两齿面啮合试验机

▲啮合噪声试验

“一齿面单齿面啮合试验法”在生产量不多时，使用率比较低。做这个试验需要标准齿轮。但实际上一般是从产品中抽取一个，代替标准齿轮来使用。

此外，还有一种啮合的噪声试验。照片上悬挂的是传声器（话筒）。通过它可以分析声音，调查噪声的原因。

轮齿接触的检查

与其他机械零件相比，齿轮的加工更重要。尤其是具有特殊曲线的齿廓，如斜齿、人字齿、交错轴斜齿等复杂曲面的零件，如果存在误差，啮合齿面就无法很好地接触。

而且，齿轮轴也会存在误差。特别是载荷大的零件，有时齿还会出现变形。这样导致接触故障的条件就愈加复杂。

所以，小装置另当别论，只要稍微大一点的齿轮装置，都会边检查齿的接触状况，边进行调节。大型减速器一般都是斜齿轮或人字齿轮，完成齿轮组装时，都要进行这项调整工艺。

锥齿轮，特别是格里森方式切削而成的弧齿锥齿轮，即使齿加工完后，还有研磨工序，这道“齿接触”的检查也不能省略。正因为如此，在 JIS B 1704 锥齿轮精度中，也有齿接触的标准。

▲弧齿锥齿轮轮齿接触的理想状态

▲斜齿轮理想的齿接触

在JIS中，“齿接触应使用适当的涂料，根据轻载荷的接触情况来判断”，参考下表中最低限的概略值。

一般情况下，传递动力用锥齿轮随着载荷的变化，齿的接触状态也发生变化。所以轻载荷时，100%的接触反而不好。因此，请参考下限值，不要设定最大值。

而且，不仅仅是接触，即使在相同的接触状态下，齿顶、齿根、外端、内端也有不太明显的偏差。在齿线的方向由外端向内，最好使齿线长度60%左右的地方为轮齿接触中心。

轮齿的接触面积是按照涂在齿面上涂料（一般是铅丹·红描笔）的厚薄而发生明显变化的，所以不太精密。

齿轮接触不好时，要用刮刀、锉刀等进行修整。

轮齿接触的基准（下限的概略值）

区分	齿高方向的接触	齿线方向的接触
A	有效齿高的40%	齿线长度的50%
B	有效齿高的30%	齿线长度的35%
C	有效齿高的20%	齿线长度的25%

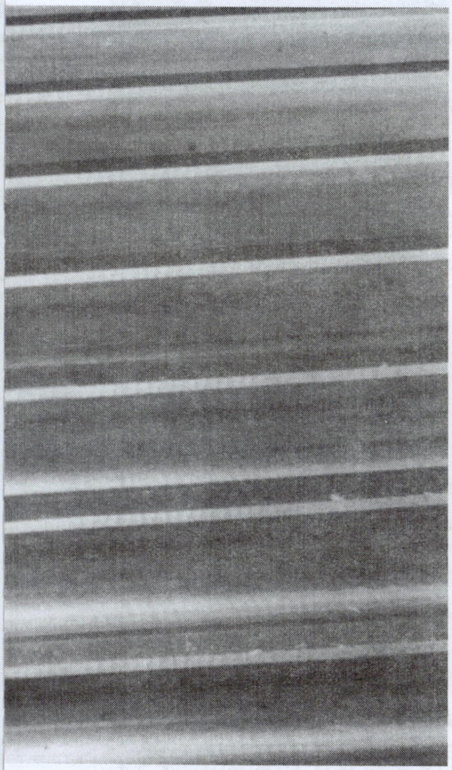

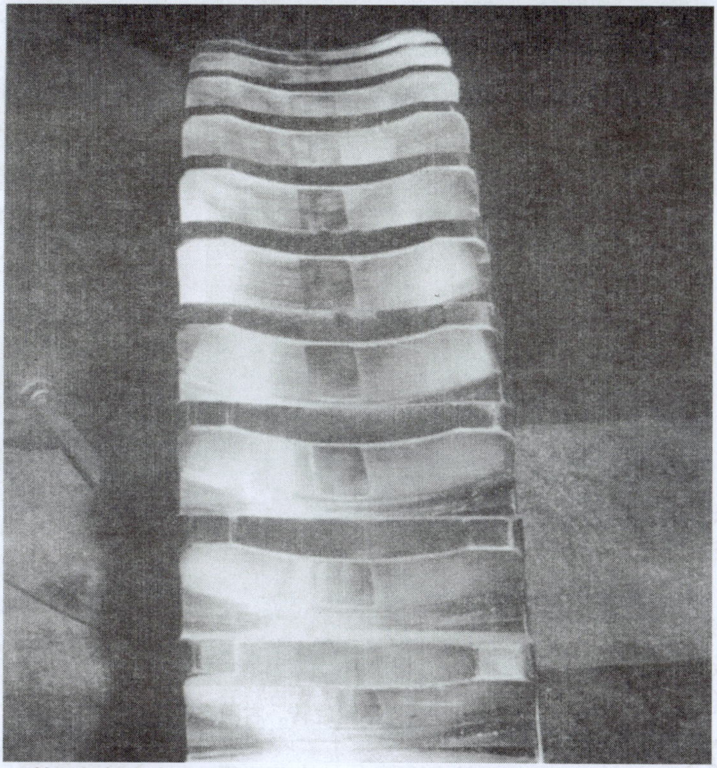

▲鼓形蜗轮在中央接触

轮齿的折断、缺损

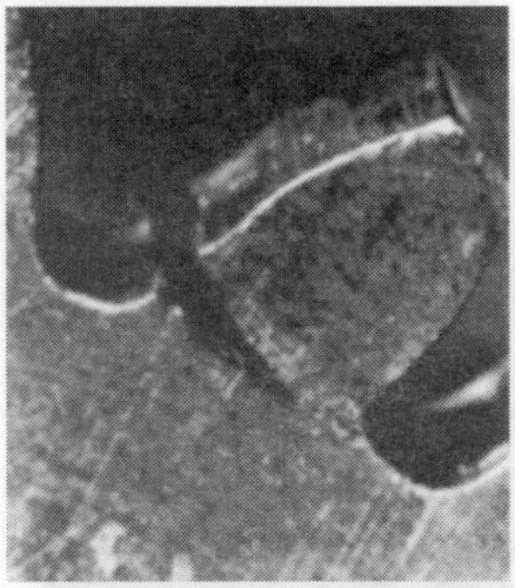

▲轮齿的折断

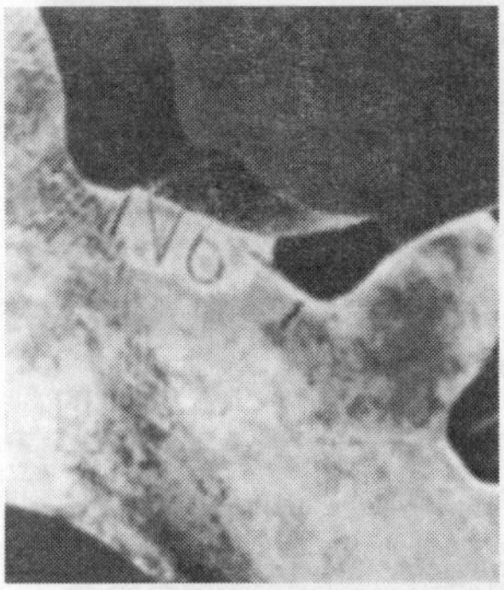

▲轮齿缺损的断面①

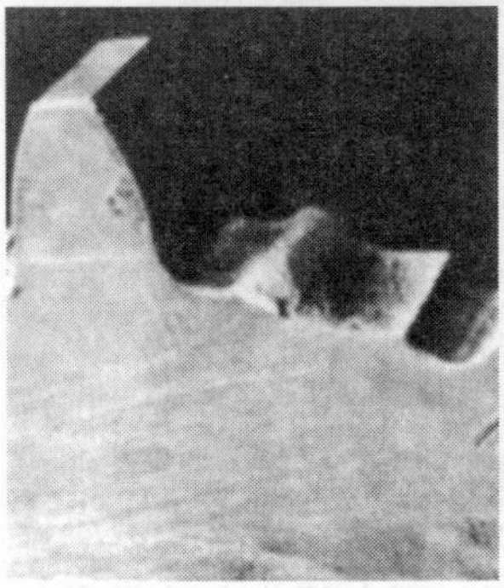

▲轮齿缺损的断面②

▲这个很完整吧!?它是与离合器组成一体的齿轮,实在让人惊叹……

齿轮的齿一旦折断，这个齿轮就无法使用了。但是这种意外却经常发生。齿轮的齿折断的原因有很多种。

▲以上是车床的变速齿轮，掉落在其啮合部位的是垫片

▲刚开始是缺损 1 个齿，随后逐渐越来越多

其中一种原因是，当齿轮啮合部分有异物进入时，其使用处于非正常状态。开放状态下使用的齿轮——如铣床切削螺旋槽时，切削台的齿轮上——就经常有螺钉、螺母、板料、垫片等零件掉落。

还有的是旋转缓慢、啮合缓慢等，像这样低速旋转的齿轮大部分是铸铁制造的，为什么齿会折断，就让人很不理解了。

由此可见，上述齿轮的齿折损的原因，并不是齿轮的缘故，而是使用不当造成的。

最让人生气的是，在制造、点检、修理时，有东西掉入设备里。当然这类设备都是在密闭状态下使用的机械。经常有些异物掉落后，隐藏在齿轮零件的下侧或者留在油槽里。有时候想想，也会觉得不可思议。而且有时还会有切屑类的东西混入，出现这些情况并不是齿轮本身的问题。

还有一种是组装的原因。当两轴的中心没有对准，齿轮很勉强的在转动时，就很容易发生轮齿折断。侧隙调整不好时，也会发生类似的情况。因为侧隙过小，齿轮之间就会相互用力咬合；而侧隙过大，则起动时冲击会变大。

除了上述原因之外，还有一些齿轮的齿在运动了一段时间后，发生折断。

这种情况的原因就只有交给专家来研究了。

一般认为：在金属内部有划伤时，金属材料过于疲劳时，或齿轮负担了超过设计值的载荷时，都可能会发生上述情况。这些具体原因，只有通过齿轮的断面或齿的表面状态来判断。

保养和润滑

减速装置、工作机械的主轴台等主要是由齿轮构成的，组装在壳体里的密闭式的机械，一般在设计、制造阶段，就会考虑润滑的问题。也就是说，润滑是必须要进行的一项工作。

那么，就有必要了解一下通常看不到的部位的润滑方法。

其中一种简单的方法是“喷淋”或“油浴”。它是在内部设置一个箱形的油槽，使用正确的结构及油量，使润滑油浸至齿轮的下部。当机械运转时，粘附在齿轮上的润滑油由于旋转的离心力，向机械上部或侧壁飞溅，这些飞溅出去润滑油再从机械上部流入需要润滑的部位。

还有一种方法是：另外单独设立一个油槽，再从这个油槽至需要润滑的部位安装管道，利用液压泵向相关部位提供润滑油。这种方法称为“强制润滑”。但是，它不仅仅是单纯地供给润滑油，有时也会加大液压泵的压力，使润滑油产生飞溅。

上述状态的齿轮，只要确保油量保持在所需量的状态，又能充分地循环，一般是不需要更换的。

▲采用强制润滑方式的车床主轴箱，通过管道向齿轮的啮合部位供给润滑油

以上是采用油浴润滑方式的车床主轴箱

其后要注意润滑油消耗量的补充和定期更换。因为不论空间怎样的密闭，由于齿轮齿面的磨损，会有非常细微的金属屑积存到润滑油中，而且由于润滑油本身的氧化（劣化），润滑油的功能也会变差。

更换润滑油时，必须严格使用指定的品牌。因为注入粘度、稳定性不同的润滑油，机械会发生故障。

此外，低速运转、低载荷的齿轮装置就没有这么麻烦。而齿轮类的零件如果裸露在外会很危险，只要不是有特别特殊的要求，一般齿轮装置都是用壳体覆盖着，用肉眼无法观察并很难直接触摸。

齿轮类的装置只要不完全密闭，就肯定会有灰尘进入。而齿出现损伤时，也会有较硬的杂质飞进来。因此仍然要定期将齿轮装置的外壳拆下来，进行清洗，并注入润滑油。这些工作需要机械操作者掌握一般加工常识，一般是在轴部位、啮合部位（即齿轮的外周）注入润滑油。

在非密闭的部分注入润滑油时，并没有那么严格的条件。使用一般的润滑油也就可以。像测量仪器、计量器等精密、载荷小、运转时间短的设备，则要使用少量的、粘度稍微小一些的润滑油（锭子油），采用像轻轻冲洗的方式来进行注油。

齿轮装置都用哪些润滑油呢，下面对 JIS K 2219“齿轮油”规定中的一部分内容进行简单介绍。

1 类　1～8 号　　一般机械较小载荷用。

2 类　1～8 号　　含极压添加剂，较大载荷齿轮用。从各种性质来看，它比 1 类质量更好，但粘度与 1 类相同。

3 类　1～3 号　　含极压添加剂，主要用于汽车等高速、大载荷机械。

通常根据以下的条件，来考虑采用哪一种润滑油。

①温度（室内温度和局部温度）；②给油方法（飞溅、油浴等）；③传动比；④转速（取小齿轮一侧的数据）；⑤传递功率（考虑安全效率）；⑥状态（密闭、开放、空气）。

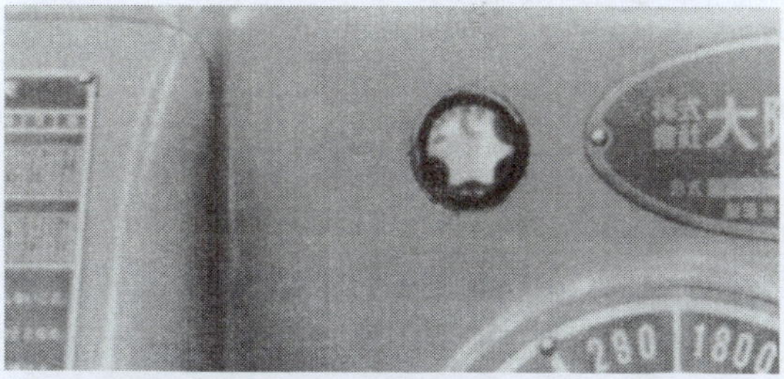

▲观察润滑油流动状态的窗口

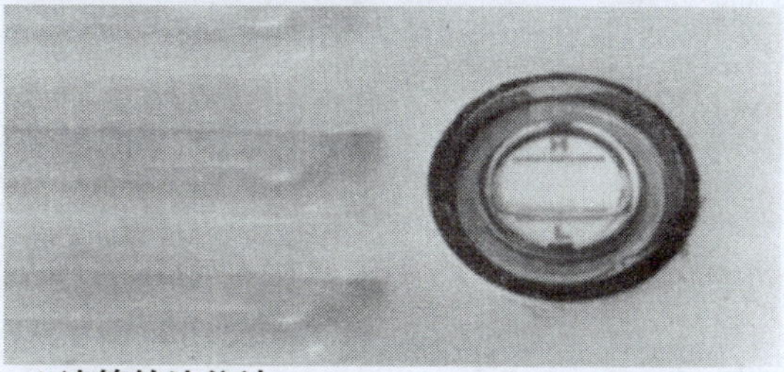

▲油箱的油位计

齿轮的相关知识

****

人们对齿轮的认识程度？

为了了解人们对齿轮的认知程度，我们对一些职场的年轻女性做了一些调查。

“齿轮是什么东西啊，你知道吗?”

“齿轮就是那种嘎哒嘎哒转动的东西吧。”

“钟表里面有很多这种东西，它是锯齿状的，并且可以转动吧。”

“它是进行反比例计算时用到的东西吧。”

上述回答中，最后一位回答者是中学的数学老师，第一位和第二位是高中毕业生，而第三位是大学毕业生。

由此可见，很多人对机械相关的齿轮都不怎么了解。但是，钟表也是机械的一种，我们所了解的只是更为特殊的一种。这样指责大家也许是过于苛刻了点。如果拿着一个实物给大家看，再问大家这是什么，我想应该很多人会回答：这是齿轮。

从这个调查结果来看，尽管无法正确地表达，一般的概念大家还是有的。我们问大学文学系毕业的男性同样的问题时，得到的也是相同的回答。可见对机械不感兴趣的人的想法都是大同小异的，尤其女性对此不了解的要更多一些。

作为读者的您，又是何时知道齿轮的呢，见到过实物吗?

家里有人从事机械相关工作或者家庭、祖业与机械有关系时，在这种环境下培养出来的人对齿轮会有正确的认识。如果没有这种与背景相关的预备知识，只是仅凭齿轮的图样，在数学的反比例计算实例里首次见到齿轮，不管什么人，即使是老师，对齿轮的认识也许也只是同前面那几位女性回答的程度一样。

如果不相信，您可以问问您身边任何一位与机械无关的人，看看他们又是如何回答的。

****

车床操作工与齿轮没有关系

下述内容是我们与某个大工厂的车床组长之间的对话。

“最近的年轻车床操作工对齿轮真的是完全不了解啊。”

“但是，车床上必须装有几个齿轮，一般操作工不是都应该理所当然地记住吗？还是说他们都知道这些，只是不说出来而已呢?”

“不是这样，最近车床越来越先进了。不管是变速，还是进给、螺纹切削等的选择，都可以通过一个操作杆来实现。而且出于精度保持或安全上的考虑，齿轮类的零件全都装在壳体或罩子里。所以是已经没有了解齿轮的必要了。”

“原来如此。”

“我们年轻的时候，还有带式车床。因为我们是在大工厂成长起来的，虽然公司很早以前就开始使用齿轮机械，但是还是有一些带式机械。通过带式机械我们掌握了带轮的机械结构，变为使用齿轮车床后，尽管我们也能够使用操作杆来变速。但我们还是想了解主轴箱内部，即想了解利用齿轮来变速的机械结构。而主轴箱是不能打开的，所以我们就制造各种借口，来观察主轴箱的内部。通过这些观察，了解到随着减速，齿轮的齿宽是逐渐变大的。在同一功率时，后段的齿宽要大一些，虽然不知道是什么原因，但应该是与转速和力矩的大小有关。”

“现在已经没有这样的实物学习教材了。”

“是啊。切削螺纹时，要根据螺距来进行变速齿轮的计算，再来进行变速。这时候，不管讨厌也好，喜欢也好，都需要自己来调整齿轮。齿数比与转速的关系；齿轮的数量（轴数）和旋转方向的关系；啮合深度；侧隙量的问题；齿面的清洁；润滑的问题等，都是要通过自己动手才能够弄清楚的。所谓的螺纹切削加工，其实也就是齿轮的学习吧。”

“那么，是不是即使不了解齿轮，也能操作车床呢。”

“嗯，是这样吧。不过有时候在操作上会出现一些错误。比如，齿轮的毛坯加工。如果对齿轮有一定的了解，作为加工者就会知道毛坯的哪个地方比较重要。即使不了解，只要是对齿轮稍感兴趣的人，向他简单说明一次，他也就能马上明白。

一般来说，现在的车床操作工都应该还是知道齿轮的毛坯及图样上标注文字的意思的。

****

与滚齿机的“缘分”

在我们公司的隔壁那栋楼里有一台滚齿机，那是我第一次接触到与齿加工相关的机械。当时我还住在单身宿舍，同屋的文学青年经常坐在那台滚齿机上，专心致志地埋头作诗。

没有受过基础教育的我，对于滚齿机是什么东西，可以说是一无所知。同室的文学青年是受过一定的这方面教育的，从镗床到滚齿机他都使用自如。但是当我问了他一些无知或者可以说是幼稚的问题时，他的解释还是无法让我理解。

不管怎样，我还是不明白滚齿机加工出齿轮的原理。当时——那已经是 25 年前了——那时候的滚齿机和现在的机械不同，它的结构是全部裸露在外的。我从机械上能看到各个构成部分的齿轮。在这种设备上，可以轻易看到无数个齿轮的运转，而且滚刀是倾斜着运转的……

午休的时候，滚齿机依然在运转。所以每次我都是急急忙忙地吃过午饭，就马上来到滚齿机旁边，从电动机运动开始，一路追看滚齿机的整个运动过程。但是因为在运动过程中，传动装置一会儿在那儿转弯，一会儿又在这里转回来，所以每每到了一半就无法再看个究竟了。而所有齿轮在旋转的时候，用手触摸是非常危险的，因此这也是绝对不允许的。可以得到不同的旋转速度时，可知此处是由两个轴在驱动旋转，这就是所谓

“差动齿轮”的装置。

虽然我非常想了解滚齿机运动的过程，但是却不可能为了我在齿加工过程中，就使机械停止运动。所以我也只有不断地利用午间休息的时间，去观察齿轮的运动了。

没过多久，我有缘见到了格里森公司的插齿机。在同一个工厂的另一个墙角，放置了两台这样的设备。这样一来，我也能利用午休的时间看到整个齿加工完成的运动过程了。插齿机是在原有的结构中，增加了两片G形刀具，G形刀具在运动中发出哗啦哗啦的轻响，同时相互往返运动，而毛坯也旋转着，使刀具往返运动的机械整体也在旋转，虽然我并不知道这就是渐开线曲线的展成运动，但是仍然热衷于天天去观察这个机械运动。

每次观察机械运动时，我的上半身也随着旋转的刀具台，一样倾斜着——我的身体跟刀具架保持同一倾斜角度来观察，观察位置就不会有改变——经常是看着看着我的两只手就不知不觉的模仿起了两片刀具的运动，

▲实习中　　“大叔，能不能让我操作滚齿机啊？”　　伊藤　太一

不认识的人看到了总会想到模仿蒸汽机运动的孩子，所以我常常因为这一点被大家笑话。

很久以后，当我有机会阅读了有关齿加工的书籍后，我才真正明白它们的原理和机械的运动过程。但这只是我单方面的理解，到底掌握到了何种程度，还真是难说……

****

在不了解齿轮的日子里……

以前我常常想：如果车床在分段切削时，能利用车床的刻度知道纵向尺寸那该多方便。而现在的车床，大部分往复工作台的纵向进给手柄上都带有刻度，通过这个就能清楚地了解纵向移动量。在我操作机械的时候，还不曾出现这样方便的设备。

当时的做法是在工作台的某处贴上钢卷尺或卷尺。较长尺寸通过这种方式还好读出，但较小尺寸就不太方便读出了。有些前辈就在手柄上装上一个大的圆环，且在圆环上标上刻度，使之与工作台上的刻度吻合。对这种做法我是不太赞同的。

不过，我也常常在想该如何改进自己的机械。我曾经试着用钢卷尺来测量手柄转动一周时的移动量，但总觉得不够精确。仅是横向进给丝杠的旋转是多少量，就无法测量出来。我也曾试着研究齿条的齿距，但最终由于不清楚齿轮原理，很难做到这一点。

接着我又想了一个办法，就是在分段切削时，手柄每旋转一周，就用单片切削刃切削一段，然后用千分尺来测量这一段的尺寸，以此来得到它的移动量。当然这样测量的前提是要磨好工作台上安装金属丝使之与手柄轮的刻线相吻合。但即使这样做，得出的尺寸依然是很不准确的。

因为通过上述两种方法无法得出正确的结论。所以，我想将齿条也变为与丝杠相同，具有准确齿距的零件。这样根据啮合小齿轮的齿数，手柄旋转一周，也能有准确的数值。

但是，那时候的我并不知道齿轮还有名为分度圆的基准。不管模数是多么准确的数字，只要乘上 3.1415 的圆周率，最终得出的数据依然会是不精确的。而且，手柄和小齿轮之间嵌有一级齿轮，这又牵扯上了齿数比。手柄每旋转一周，小齿轮却没有旋转一周那就应该不是整数旋转。因此，不管我想出多少方法，得出的数据当然还是不精确的。

这些都是我们所不知道的。如果将这个不准确的数据将同样直径尺寸不准确的圆环外周等分，就得不到想要的结果。因为即使分度圆周长度与这个长度相同或者推导、计算出整数倍圆周的直径，制作出带有刻度的圆环，还可能无法标刻出等分的刻度。而且，在小齿轮之前还有一级齿轮，如果不知道它们之间的速度比，也就无法了解小齿轮的分度圆。要清楚这一点，除了分解机械、测量齿轮以外，别无他法。因为这一部分的数据在机械上是没有标注的。

从最初的不明白，到不明白的原理也无法探究，然后又是明白了原理，却还是无法了解齿轮。渐渐地，通过无数次试验的我终究还是死心了。而前辈们则一直使用的数据是修正后的近似值。这就是我年轻时进行的与车床有关的刻苦钻研的故事。